# 时时观心
## 每天幸福一点点

嘉 样◎著

图书在版编目(CIP)数据

时时观心：每天幸福一点点 / 嘉样著. -- 北京：当代中国出版社，2019.9（2024.12 重印）
ISBN 978-7-5154-0930-6

Ⅰ.①时…　Ⅱ.①嘉…　Ⅲ.①人生哲学—通俗读物　Ⅳ.① B821-49

中国版本图书馆 CIP 数据核字（2019）第 098484 号

| | |
|---|---|
| 出 版 人 | 蔡继辉 |
| 责任编辑 | 姜楷杰 |
| 特约策划 | 马世领 |
| 责任校对 | 康　莹 |
| 印刷监制 | 刘艳平 |
| 装帧设计 | 创想一二 |
| 出版发行 | 当代中国出版社 |
| 地　　址 | 北京市地安门西大街旌勇里 8 号 |
| 网　　址 | http://www.ddzg.net |
| 邮政编码 | 100009 |
| 编 辑 部 | （010）66572264 |
| 市 场 部 | （010）66572281　66572157 |
| 印　　刷 | 北京润田金辉印刷有限公司 |
| 开　　本 | 880 毫米 ×1230 毫米　1/32 |
| 印　　张 | 10.875 印张　1 插页　208 千字 |
| 版　　次 | 2019 年 9 月第 1 版 |
| 印　　次 | 2024 年 12 月第 2 次印刷 |
| 定　　价 | 39.00 元 |

版权所有，翻版必究；如有印装质量问题，请拨打（010）66572159 联系出版部调换。

## 自序
### 用"心"生活

今天的很多人,在享受着物质上极大丰富的同时,却陷入了精神上的极大贫困,幸福感与快乐感远不如前。

一个重要原因,是我们过于重视身体的贪求,而不是适当的需要。人们为了满足肉体感官的乐受,甚至不择手段,看似很照顾自己,实际上已远远超出了肉体自身所必需的承载力。我们很少慢下来、静下来问问自己的身体,即使它反复通过一些不适的信号发出预警,希望我们简单一些,减少一些,调理一下,休养一下,可是我们对待自己的身体,仿佛是对待他人的身体一般,仍然我行我素,高速运转,以致逐渐负担过重,疲惫不堪,甚至病倒在床。这是身体不健康带来的苦恼。

另一个重要原因,是我们过于忽视精神的需要。大多数人没有认识到生命对精神生活的需要,即使知道,也大多停留在文化与艺术层面,最多是哲学层面。或者虽然达到了信仰的层面,但真正有正确信仰的人少之又少,不是误信,就是迷信,或者是不究竟不圆满的信仰。正因为如此,我们常常处于精神饥渴状态，甚至产生一系列神经类疾病，如失眠、抑郁症等，严重者甚至自杀。有专家预言，威胁21世纪人类的疾病将是精神病。这是心灵不健康带来的苦恼。

上述两个方面的问题，也是为什么我们虽吃饱喝足但仍感觉不幸福快乐的根本原因：一方面放纵身体的贪求，另一方面远远没有满足精神生活的基本需要。要解决上述问题，一方面，要减少身体的贪求，也就是不再"纵欲"；另一方面，要满足心灵的需要，也就是要多多"关心"。

如何"关心"自己？最好的方式，莫过于"时时观心"。观心式的生活，是真正的用心生活，也是真正的关心自己。

# 目　录

微笑开始每一天 /001

心决定生命的质量和高度 /002

什么是随缘？/003

负面情绪是必须被击退的敌人 /004

戏剧人生还是幸福人生？/005

心如画师 /006

善于自我改造 /007

享受内心的坦荡与淡然 /008

愤怒熄灭不了愤怒 /009

善意成人之美 /010

保持一颗平和的心 /011

忍是内在的智能和情怀 /012

独处时常思己过，聚众时不论人非 /013

别把"我"看得太重 /014

多站在别人的位置想一想 /015

烦恼的根源在于不明真相 /016

做一切好事都要把握时机 /017

心态决定看事物的角度 /018

家庭和睦的关窍 /019

善明取舍 /020

不要轻言放弃 /021

不论怎样的境遇都要持以感恩 /022

恬淡让心自在 /023

学会忍让与淡泊 /024

爱家如爱己 /025

心不动则不伤 /026

默默的关怀与祝福 /027

对待错误的方法 /028

盛怒心最远 /029

恰当的距离 /030

人的骨头值钱 /031

去掉那些不必要的东西 /032

你得为自己负责 /033

真正的快乐是心灵的快乐 /034

## ②

闹中取静 /035
将心比心 /036
扫去心灵之尘 /037
魔方石的诱惑 /038
心简单，世界就简单 /040
未调服的心最危险 /041
不要企图让所有人都合你的审美 /042
是非一笑过 /043
这个世界是有心人的世界 /044
人生的苦乐取决于自己的内心 /045
随缘是智者的行为 /046
顺其自然 /047
分清别人的善意与假意 /048
凡事先究明事理 /049
后悔无用 /050
嫉妒心不必有 /051
学会谦虚 /052
心灵的疾病自己更难发现 /053
人生重在修心 /054
家庭中最重要的关系是父母与子女 /055
勇于面对与放下 /056
试着去观察世人 /057
别着急说别无选择 /058
爱人如爱己 /059
做个心胸宽广与厚积薄发的人 /060

做到今天的最好 /061
从信任到信心 /062
宽容是一味良药 /063
拥有一片清淡明晰的心境 /064
心不染于世俗的污泥 /065
何心待人得何果 /066
做人要能随遇而安 /067
幸福是一种心理状态 /068
给心松绑的方法 /069
善于倾听 /070
最难是养心 /071
好坏在于一念间 /072
善于经营自心 /073
品味人生本真情味 /074
同中求异、存异 /075
把清净请到心里 /076
驯服你的"野马" /077
简单是一种智慧 /078
不要让太多的昨天占据今天 /079
过滤你的人生 /080
你自己决定别人看你的眼光 /081
善待一切 /082
换个角度想 /083
包容不同的他人 /084
时时反省自己 /085

不要向痛苦让步 /086

知足常乐 /087

平静最难 /088

自在驾驭自心 /089

一切的选择在自己 /090

得之坦然,失之淡然 /091

不为诱惑所动 /092

心生羡慕不如做好自己 /093

俯仰是一种心态 /094

珍惜一起看风景的人 /095

沉静的心能映出最美最真的你 /096

人生只是经历什么 /097

让自己去适应每一种容器 /098

放下,不执着 /099

选对自己的位置 /100

没有什么不能放手 /101

好心,好福气 /102

逆风扬尘,尘不至彼 /103

微笑善良最有力量 /104

学会宽容 /105

学会调节自己的心情 /106

生活缺的是发现和创造幸福 /107

学会看见美和善 /108

正面积极的心态酝酿快乐 /109

生命如轮 /110

好父母的第一要务 /111

梦想不是一蹴而就的 /112

坐下来静赏花开 /113

笑人等于笑己 /114

染于黄,染于苍 /115

自勉修心 /116

珍惜现在的每时每刻 /117

用心生活 /118

不要轻易去爱恨 /119

欲望当止步 /120

平静来自内心 /121

饮清净之茶 /122

超然物外,而又懂得善待 /123

释然生活中的不尽如人意 /124

及早倒掉鞋里的沙子 /125

不计较 /126

知足与感恩 /127

善待逆境中的自己 /128

善待是一种平和的心境 /129

认真生活,不留遗憾 /130

苦是人生路上的鹅卵石 /131

做好自己该做的事 /132

成熟就是明舍 /133

真正的幸福一定超越于物质 /134

弱水三千,取一瓢饮 /135

处事要从恬淡着眼 /136

无求品自高 /137

真诚地欣赏别人 /138

有为有不为 /139

被人需要为贵 /140

善与人处 /141

淡泊是治疗寂寞的良方 /142

做人当如水 /143

成功人生的三种境界 /144

每个人都有自己的路要走 /145

沟通的技巧 /146

少点心事 /147

大道至简 /148

以平常心生情味 /149

至近至远，至深至浅 /150

莫让心结苦心绪 /151

抓不住不如早放手 /152

烛光人生最有价值 /153

随和是一种能力 /154

不必和命运争吵 /155

心与外物 /156

学会孤独自己 /157

生命的真相 /158

心犹如树叶 /159

看淡世事沧桑 /160

真正的快乐 /161

送花先香己 /162

有舍有得 /163

难得糊涂 /164

睁开发现幸福的眼 /165

绽一朵宽容的花 /166

人生路上的荆棘 /167

带着感恩前行 /168

微笑着面对 /169

家庭是真实而切要的道场 /170

人生看你如何对待 /171

为人处世把握分寸 /172

拥有健康快乐的心态 /173

随缘是进取 /174

把握好现在存正念 /175

擦亮取舍的明目 /176

不后悔，要忏悔 /177

不乱于心，不错于行 /178

游弋生命之流 /179

扔斧头 /180

最美的笑容绽放于痛苦的尽头 /181

轻松地对待自己 /182

否极泰来 /183

无常是世间的本性 /184

将人生变成一场修行 /185

给面子 /186

做智慧的人 /187

消除自己的习气 /188

放下的快乐 /189

知足是什么？/190

交友之道 /191

珍惜时光 /192

让心灵回归本真 /193

做个温暖的人 /194

轻松平和是相处的最好状态 /195

人生忽如远行客 /196

自己的路自己走 /197

给心灵松绑 /198

沟通的艺术 /199

要学会与各种人相处 /200

傲慢是对命运最大的挫折 /201

知见影响命运 /202

家庭和谐幸福的方法 /203

育儿之道 /204

如何做幸福夫妻 /205

生命在呼吸间 /206

健康饮食惜身体 /207

人际和谐之法 /208

遇事的心态与做事的态度 /209

人在性情未定时需有良好的教育 /210

微笑是一种静默的力量 /211

如何让幸福登门 /212

炫耀什么就容易失去什么 /213

知足的心是福乐安稳之处 /214

无常是生命的动力 /215

金子好还是烂泥好 /216

不忧恼的方法 /217

做个自在人 /218

观察自己的心 /219

只做自己该做的事 /220

理解就是给人方便 /221

看清事物的本质 /222

把别人的自尊放在第一位 /224

肯认错是一种大修行 /225

木匠退休的礼物 /226

做最好的自己 /227

打碎一个养鸡场 /228

珍惜有限的缘分 /229

放下你的"花瓶" /230

处理好与人、物的关系 /231

带上灵魂一起走 /232

适履调心 /233

钉钉子与取钉子 /234

交友恬淡致远 /236

七戒 /237

人之于恶习 /238
放得下是为了能提起 /239
解脱自己的心 /240
原谅别人就是放过自己 /241
你有放不下的木碗吗？ /242
幸福的方法 /243
恰恰就好 /244
以德报怨就是放下 /245
快乐的四个诀窍 /246
保持清净的心 /247
静听心的声音 /248
未经观察切莫说 /249
时时好时，日日好日 /250
好机会与坏机会 /251
掌控一切的关键是内在 /252
贪婪是毒杀快乐的毒药 /253
欢喜每一天 /254
心里装什么，生活现什么 /255
荒野中的老虎与公园里的老虎 /256
在生活中感悟生命的味道 /257
放下负累 /258
无常的积极意义 /260
说食不饱 /261
常问自己 /262
做情绪的主人 /263

深谙无常，方能放下 /264
真正的快乐是无求的 /265
小马问酥 /266
生活的秘诀 /267
挑碗 /268
发现心本来的样子 /270
与人为善 /271
当遭遇不幸怎么办？ /272
学会交谈与倾听 /273
不要让坏情绪浪费时光 /274
"看着"你的念头 /276
真诚的赞美是温暖的阳光 /277
善巧方便行 /278
要有至诚恳切的心 /279
什么是善良？ /280
学会称赞他人 /281
恨鱼缸还是救金鱼 /282
给自己盖一座心灵的佛堂 /284
心宽故能受 /285
比强盗还"坏"的禅师 /286
苦难是深藏不露的祝福 /288
要有付出的心态 /289
世间的危险是经不起诱惑的心 /290
善良是我们为自己留下的路标 /291
心是一个容器 /292

烦恼如风 /293

生活中养德 /294

不要常持嫌弃和攀比心 /296

不让心灵负重 /297

消除烦恼的方法 /298

路在修为里 /299

留点空间不拥堵 /300

一念天堂，一念地狱 /301

凡事自己做主 /302

文凭于人 /303

学会与人相融 /304

量人先量己 /305

容尊他人方能提升自己 /306

学会接受残缺美 /307

布施的法则 /308

言不伤人，诺不轻许 /309

水车的启示 /310

苦乐缘善恶，遇事不茫然 /311

慧海无澜 /312

临渊羡鱼不如退而结网 /313

心若无尘 /314

让生命在虔诚里满含暖意 /315

恬淡是什么？ /316

烦恼多快乐少的原因 /317

商人的四个妻子 /318

快乐布施才是真布施 /320

解脱烦恼的最佳途径 /321

宽容和仁慈更能唤醒羞愧 /322

天堂和地狱 /323

真诚最美 /324

培养自己的心灵 /325

哭与笑 /326

人生的艺术 /327

逆境的历练 /328

生活可以更美的 /329

白豆与黑豆 /330

不要绑住自己 /332

让生命最美绽放 /333

致　谢 /334

## 微笑开始每一天

微笑开始每一天。微笑的表情不仅令人愉悦,使人感觉亲切,同时还传递了友好、怡人和美好的感情。常把笑意带在脸上,把善意传达给所有人,分享自己的愉悦和幸福,令他人欢喜,令自己美丽。

## 心决定生命的质量和高度

人生苦短,生命在呼吸间。心决定生命的质量和高度,当善护之。也许你无法主宰自己生命的长度,但我们能拓展它的深度和宽度,提升它的高度。善于思索活着的意义、生命的原委,愉快地生活,少些烦恼,带给他人的不是伤害而是快乐,留给自己的不是遗憾而是幸福。将生命安于舒适的境地,览看生命,安然、悦意。

## 什么是随缘？

随缘是不怨尤，不强求，不偏激，不极端，是顺势而为。随缘不是消极，不是听天由命，不是任之弃之，而是积极进取，以平常心对待周遭的人、过往的事。平和处理好该做的事，安顿好应负的责任，不刻意寻求结果，也不自暴自弃停止努力。心不以物境而摇摆，意不随境遇而起落。大爱大智是心的起点，也是心的终点。

## 负面情绪是必须被击退的敌人

　　任何细微的情绪，在最初都只是一个微小的念头或感受，然后变得越来越强大。如果你能够在念头初生的一刹那即加以认清，很容易让念头消退平息。如果你没有觉察到这样的念头，让它们扩张增生，那么它们将会一个接着一个迅速成为一连串的念头和感受。你将发现自己越来越难以破除那强大的情绪，也很难去阻止这个情绪可能引生出来的负面行为。情绪摧毁自己，摧毁他人。有圣者把自己的负面情绪比喻为必须被击退的敌人。自己的负面情绪不像一般人类的敌人，它们没有任何可以撤退的处所。你只要认清负面情绪的本质，就能加以根除。

## 戏剧人生还是幸福人生？

人生如戏，不管酸甜苦辣，愿意或抗拒，那个舞台总要登场；不管悲欢离合，喜忧恼恨，那个角色总要出演。舞台或是绚烂或是暗淡，出演主角抑或配角，一切并不由己，命运做着导演。但无论于悲剧或于喜剧，若心能抽离，在喧嚣中寂静，在浮躁中沉稳，多些思考，多些探寻，那不再是戏剧人生，而是幸福人生。

## 心如画师

　　心里装着什么,你的世界就是什么。心怀丑恶邪见,世界就是丑陋恐怖的。心怀善良慈悲,世界就是光明美好的。心性开悟,不烦恼,就是解脱,就得安乐。

## 善于自我改造

每个人的习惯、性情，为人处世的方式都各有不同，因此，人与人接触和交往中免不了会有摩擦和误会。改变不了他人，就善于自我改造，总能与人相处融洽。心不存愤恨恶念，语不带尖酸刻薄、粗恶诋毁，不伤害、诽谤他人，坚守善和美的心念、清净的语言。

## 享受内心的坦荡与淡然

心似大海，春自暖，花自开。心若计较，处处都有怨言；心若放宽，时时都是春天。若要计较，没有一个人、一件事能让你满意。享受内心的坦荡与淡然，生活静好、安然，释放了空间给自己，让出了阳光给他人。心宽一寸，路宽一丈。若心宽似海，总可以波澜不惊地远航。

## 愤怒熄灭不了愤怒

　　以怨报怨永远不能化敌为友。以德报怨,方能冰释前嫌。愤怒熄灭不了愤怒。怒起时,若能安忍如树,则风平浪静。以欲望止息不住欲望。以平常心,方能急流勇退,宁静致远。

## 善意成人之美

地上种了菜,就不易长草;心中有善,就不易生恶。与人相处,善意成人之美,涵养容人之德,嫉妒就不易生;赞叹他人长处,不吝溢美之词,发自真心诚意,毁他之心就不易有。

## 保持一颗平和的心

人生至境，在于心平气和。当挫折和失意时，以一颗平和的心去面对；当成功和得意时，也同样不要失了平和。人生在世，有时春风得意，有时处处碰壁。可是不管怎样，都要保持一颗平和的心，淡然面对一切，即便处境突变，也不会大喜大悲、失落或痛苦，而是时时笑对一切。

## 忍是内在的智能和情怀

忍是修养也是修行。忍者无敌，能忍自安。忍不只是忍气吞声、忍羞含辱、忍怒不发、忍恶抑善、忍苦含恨、忍乐求难而已，忍是内在的智能和情怀，遇困境时了知抉择应对，懂得化解消融。面对困境，心不动转，能归于平静，安之若素。

## 独处时常思己过，聚众时不论人非

每一天都是做人的开始，每一刻都是觉醒的良机，每一个当下都是修心的关键。勿以善小而不为，勿以恶小而为之。改变别人，不如先改变自己：独处时能常思己过，聚众时能不论人非，由改变自己而自助，由影响他人而助人。

## 别把「我」看得太重

没有过不去的事情，只有放不下的心情。为什么烦恼那么多？因为有太多的放不下，把"我"看得太重。被批评了，"我"的面子放不下；被误解了，"我"的委屈放不下；被欺骗了，"我"的报复放不下；被伤害了，"我"的怨恨放不下……太过重于"我"，难免只见万般的不如意；轻"我"重"他"，很多事情都可迎刃而解，很多时候都能轻松快乐，很多地方都可安然自适，便不会被伤害，也不会去伤害。

## 多站在别人的位置想一想

不要只看到别人外在的缺陷,却看不到自己内心的污点;不要只要求别人能付出什么,也要想想自己能奉献什么。待人退一步,容人宽一寸,爱人多一分。将心比心,多站在别人的位置想一想,帮助别人,本质是帮助自己。拥有宽容、慈悲心,最幸福。

## 烦恼的根源在于不明真相

烦恼的根源在于不明真相，进而错乱颠倒，于世间生起种种贪欲，犹如身处暗室，枉生愁苦，挣扎煎熬，循环往复，犹如水车轮转。

## 做一切好事都要把握时机

孝顺要及时，行善也要及时。做一切好事都要把握时机。舍去昨日的好与坏，把握今日的成与败，一心向善，分秒必争。不必小看自己，心包太虚，人有无限可能，任何事情都是从一个决心、一颗种子开始。

## 心态决定看事物的角度

对于半杯水，不同角度可以有截然相反的看待。如果看水，那么看到的就是水；如果看杯，那么看到的就是半杯水。世间的一切本是相对并存的，而你的心态决定了你看待事物的角度和处理问题的方式。

## 家庭和睦的关窍

要想家庭吉祥和睦,要常常起欢喜心。对长辈老人孝顺体贴,声色柔顺,常念感恩而欢喜;对夫妻兄妹关心支持,慈爱尊重,常想惜缘而欢喜;对儿女后辈智慧养育,培养爱心,常得欣慰而欢喜。

## 善明取舍

人人想要一生幸福，人人想要一生安康，人人想要一生无憾。人的一生想要的有很多，奢望和欲望无尽，但是不明取舍，所以感到磨难不断，幸福总是遥远，总是事与愿违。若怀一颗慈悲心，幸福自然常在。心中无愧，自然可以生活得无所挂碍，自然可以怡然自得，时时安心自在。

## 021 不要轻言放弃

　　无论我们处在何种困境，都不要轻言放弃。也许眼前不过是个折弯，看似无望，然而，前方却是峰回路转，充满生机，希望无限。人之所以迷惘，是因看不清事情的本质。只要有恒心，坚持不懈，一切皆有可能。认清自己，不执着于结果，也不放弃对结果的追寻，才是正道。而拥有平常心才能进入正道。

## 不论怎样的境遇都要持以感恩

热闹中以冷静的眼光看待一切,就会省去许多烦心的事;冷落时存一份热切向上的心,就会享受到许多真正的乐趣。不管何时都满怀善心,快乐会始终像影子一样跟随你。不论怎样的境遇都持以感恩,你的心就会像落地的石块一样安稳。

## 恬淡让心自在

过分执着一些东西,比如物质的享受、情感的痴迷,便会常常处在患得患失、谋划焦虑、担心恐惧中。这样的心没有自由,难以产生智慧,只能让判断错误,让抉择失误,还要为结果付出代价。恬静淡然的心能使智慧像莲花一样绽放,让喜悦像春风一样拂面,让心自在犹如高天浮云,无束无缚。

## 学会忍让与淡泊

学会忍让。不逞一时之气,不好一时之强。退一步海阔天空。

学会淡泊。志当存高远,不在于物欲的享受和名利的追逐。物欲带不来长久真实的快乐,却能让自己如饮盐水一样,越享用越生贪欲。膨胀的贪欲会驱散内心的平静祥和,留下不快、空虚、失落和迷惘。

## 爱家如爱己

去爱自己的家,去关爱父母家人,而不以偏执的心去爱。能同在一个屋檐下,成为一家人,应当珍惜。家和万事兴,无须终日口不停。爱护家庭如爱己,不妨坦白与忠诚。一点笑容最可爱,家里立时现光明。忍耐任由风雨过,守得云开见月明。

## 心不动则不伤

人生在世如身处荆棘之中,心不动,则人不妄动,不妄动则不伤;若心动,则人妄动,伤其身痛其骨。如果搞不清状况,静观其变是好的选择。如果一定要选择,用心可以减少错误和痛苦。

## 默默的关怀与祝福

默默的关怀与祝福,亦是无形的布施;见人为善,真心欢喜。付出不多,回报不少,快乐无处不在,欢喜随时生起。

## 对待错误的方法

犯错容易,知错难,且犯且觉知。知错容易,改错难,且觉且改之。改错容易,不再难,且励且祛之。

## 盛怒心最远

一天，一个人问智者：为什么生气时说话会大喊大叫，即使对方就在自己旁边？

智者回答：当两个人都在生气的时候，心的距离是很远的，而为了掩盖距离使对方能够听见，于是向对方咆哮喊叫，但在喊叫的同时，人会更生气，于是距离就更远，接着就要更高声的喊叫……最远的距离是即使面对面，也仍然似隔千万里。最负面的情绪是无法自控的愤怒，燃烧了自己，烤焦了他人。

## 恰当的距离

彼此不相伤害，又能保持温暖，是恰当的距离。彼此无有所求，又能给予最需要的助，是恰当的善。彼此不怀索取，又能不吝付出，是恰当的予。不外求，不纠缠他过，善观自心。

## 人的骨头值钱

有些动物主要是皮值钱,譬如狐狸;有些动物主要是肉值钱,譬如牛;有些动物主要是骨头值钱,譬如人。

## 去掉那些不必要的东西

有位著名的雕塑大师这样说过:"雕塑就是在石料上去掉那些不必要的东西。"每个人又何尝不是自己的雕塑师,一生的命运、每次的苦乐感受以及身心的境遇都是过去、现在和未来的那些"我"雕塑出来的作品。如果不凿掉不该要的东西,是不会塑造出一个像样的自己的。当贪婪、憎恶、偏执、想当然等被凿落的时候,就是一尊完美"雕塑"落成的时候。

## 你得为自己负责

有人帮你,是你的幸运;无人帮你,是公正的命运。没有人该为你做什么,因为生命是你自己的,你得为自己负责。

## 真正的快乐是心灵的快乐

外在的物质有时候也能为我们带来一些快乐,但这些欢乐往往是短暂的、稍纵即逝的,过后反而会给我们带来失落或者被新的欲求冲淡,而使得这些快乐变得轻浅、不持久,甚至有不真实的感觉。真正的快乐是心灵的快乐,是摆脱了情绪和烦恼而自由了的心的笑,是智慧绽放的花,恒久、持续而恬淡怡人。

## 闹中取静

　　细数庭前落叶，静听窗外雨声，看浮云飘过，观日出日落……享受寂静安宁，虽身处闹市，仍若置心于僻壤。将心从混沌、逐流处提起，自由在高处。

## 将心比心

没有一个众生不惜爱自己的生命,将心比心,我们不去伤害众生;没有一种恐惧更胜过性命攸关、命悬一线,将心比心,我们应尽己所能解救屠戮。

## 扫去心灵之尘

如果生活是一杯水,那么痛苦就是掉落杯中的灰尘。世上没有不弯的路,人间没有不谢的花。无常始终伴随生命。不会有谁能始终充满幸福快乐,总有一些痛苦会折磨和耗损我们的心灵。选择静下心来,品味生命,思量苦之去来。心灵的房间,不打扫就会落满灰尘。忏悔之水,能荡涤心灵不净的尘。

## 魔方石的诱惑

太平洋布拉斯岛蔚蓝色的海底，原本是一个安谧平静的世界，鱼和鱼之间互不侵犯，和平相处。但在深海的一隅，有一块巨大的方石，被称作魔方石。鱼只要游到它附近，就如同着了魔，性情大变，平时最温和的鱼也会变得异常凶猛，鱼和鱼之间往往会挑起一场场血淋淋的战争。

到底是什么扰乱了这些鱼的心智呢？生物学家通过研究发现：魔方石本身有一种吸附力，会把一些小鱼吸附在石壁上，这些小鱼经过氧化，会变成一种十分可口的食物。不仅如此，魔方石的石缝里有一股股温暖的泉水涌出，还藏有许多洞穴可以做窝。更神奇的是，石柱表面还布满了一种可以发光的水晶石，这种水晶石对鱼的刺激很大，可以使它们兴奋起来。也就是说，魔方石从吃到住，到精神的需求都一应俱全。因此鱼只要游到魔方石附近，便会产生一种强烈的占有欲，有的希望在那里获得一口食吃，有的希望能居住在魔方石的洞穴里，更有甚者希望把魔方石永远占为己有。因这种种的欲望，鱼便失去了理智，变得疯狂凶残，不顾生死地争夺领地。

　　世间缤纷繁复，到处充斥着如魔方石般的诱惑。内心具有定力，首先选择远离诱惑之境是对自己最好的保护。

## 心简单，世界就简单

得意时要看淡，失意时要看开。人生路起伏不定，顺利、坎坷都是正常。放下心中的沉迷，心便宽了，路便平了。没有谁能挽住"过去"的时光，每一刻，时间的经纬里都在织"现在"的丝。一切皆无常。心简单，世界就简单，幸福才会生长；心自由，生活就自由，到哪里都快乐。

## 未调服的心最危险

佛陀说:"我不见有任何东西像未调服的心那么危险。"心若未调服,充满溺爱、憎限、痴迷,伤害他人,磨损自己;心若调服,慈悲与智慧闪现,利益他人,圆满自己。人生最大的征服是熄灭烦恼虚妄之心,最大的成就是调服自心。

## 不要企图让所有人都合你的审美

不要企图纠正身边所有人的缺点和错误,使所有事都顺自己的心意,让所有人都合自己的审美。除了自心,外面没有另外一个世界,自心清净,世界即美好;自心广阔,世界就无隔阂。无瑕的内心,方得完美的外境。

## 是非一笑过

非淡泊无以明志,非宁静无以致远。静看花枯荣,淡视云卷舒。是非一笑过,善恶去心头。妄念无来去,逐之自寻恼。

## 这个世界是有心人的世界

这个世界不是有钱人的世界,也不是无钱人的世界,它是有心人的世界。

## 人生的苦乐取决于自己的内心

　　人生的苦乐,取决于自己的内心。以美好的心,欣赏周遭的事物;以真诚的心,对待每一个人;以负责的心,做好分内的事;以谦虚的心,检讨自己的过错;以不变的心,坚持正确的理念;以宽阔的心,包容负你的人;以感恩的心,感谢所拥有的一切;以平常的心,接受已发生的事实;以放下的心,面对难以割舍的执着。

## 随缘是智者的行为

　　当不顺心的事萦绕心头时，应顺其自然，惜缘随缘，不怨恨，不急躁，不过度，不强求，不悲观，不刻板，不慌乱。随缘自适，烦恼即去。随缘是智者的行为，是积极的进取心，不应成为愚者的借口。

## 顺其自然

凡事顺其自然,遇事处之泰然,得意之时淡然,失意之时坦然,艰辛曲折必然,历尽沧桑悟然。

## 分清别人的善意与假意

机缘未熟,便以退为进,对于讥讽诽谤、冷眼轻贱,种种不如意,以默面对。接受他人的善意提醒与批评,可减少蹉跎岁月与弯路迂回。处事若能警惕别人的假意称赞,就不会忘乎所以,傲慢失误。若常常陷入是非人我,自然不能放下是是非非。

## 凡事先究明事理

人若不能究明事理,遇事冲动不冷静,就会依着心里面的情绪颠倒真实。重伤他人后方才心生悔恨,往往为时已晚,造成不可逆的后果而追悔莫及,徒留哀伤。寂天大师说:若身欲移动,或口欲出言,应先观自心,安稳如理行。在说话或行动之前,应当首先冷静,观察、省看自己的心,依循智慧和正理行事,是为正道。

## 后悔无用

后悔是一种耗费精神的情绪。哀怨叹息于事无补,只能因停滞而错失,因错失而复犯。后悔是比损失更大的损失,比错误更大的错误,所以后悔无用。

## 嫉妒心不必有

　　嫉妒别人，不会给自己增加任何的好处，也不可能减少别人的成就。所以，当你因为这些事情而烦恼时，心中就要告诉你自己，这一切都是假的，你还烦恼什么？

　　如果有人嫉妒你，优雅地保持距离，不要用挑衅的姿态。你看麻雀总是嫉恨老鹰，老鹰从不介怀，只是远远地飞翔开。如果他非要走近你，冷静地对待，不生新怨。

## 学会谦虚

学会谦虚。子曰:"三人行,必有我师焉。"不轻视任何人,不妄自尊大。善于看到他人的长处,学习;善于发现自己的缺点,改正。

## 心灵的疾病自己更难发现

疾病有两种,身体的和心灵的。心灵上的疾病比身体上的疾病更难于被自己发现,也更危险。医治身疾的最好方式可能是吃药,但治疗心灵疾病的最好方式便是修心。

## 人生重在修心

有一颗随缘心，你会更洒脱；有一颗平常心，你会更从容；有一颗感恩心，你会更幸福；有一颗忍让心，你会更快乐；有一颗超脱心，你会更淡然；有一颗修行心，你会更智慧；有一颗质朴心，你会更纯粹；有一颗自知心，你会更清醒。

## 家庭中最重要的关系是父母与子女

　　一个人最起码要做到尊老爱幼。家庭中最重要的关系是父母与子女。因为这种关系是血缘的传递，所以彼此之间有一种自然的爱。这种爱在父母的一方称为慈，在子女的一方称为孝。父母对待子女应该竭力爱护并教养；子女对父母应敬重承顺并侍奉赡养。

## 勇于面对与放下

凡事不能执着,无论执着的形式多么的不同,执着的东西怎样的各异。但凡执着,必定烦恼,进而痛苦。须省观自心,发觉贪婪与憎恶,勇于面对与放下。

## 试着去观察世人

当我们抱怨世间的不平与秽恶,深陷烦恼、痛苦与无奈之时,试着去观察世人,去怜悯世人,去包容世人。这样做时,身心外境会瞬间大不同。你会发现,原来世界没有想象的那么糟,人心没有想象的那么恶,心情没有想象的那么差。

## 别着急说别无选择

　　青春总会凋零，时光终将流逝，只有内心的平静、喜悦、善念与光明能够永远灿烂与持久下去。世事，逃避不一定躲得过，面对不一定最难受。心，内敛不一定不快乐，外散不一定最洒脱。外物，得到不一定能长久，失去不一定不再有。转身，需要决绝；转心，需要持久；转念，需要智慧。别急着说别无选择，世间事并非非黑即白、非错即对，真实是在清净无垢的智慧前显现的。

## 爱人如爱己

　　如果只知珍爱自己,就无法感受快乐。但若爱人如爱己,则欢喜自然生起。如果关爱别人,当别人寻到安乐时,自己自然地也会感到欢喜,无须任何理由。不论什么人发生了什么好的事情,自己都会自然地心生快乐,时时欢喜。

## 做个心胸宽广与厚积薄发的人

  做一个心胸宽广的人，严于律己，宽以待人，虚怀若谷，大度为事。能容忍逆耳的话，能容许不顺眼的事，能容纳不合意的人。因难容能容，而能春风习习，暖意洋洋。

  做一个厚积薄发的人，当不足时，应积蓄力量，修为自我。蛹用一个冬天的时间积蓄力量，完成生命的蜕变，成为美丽的蝴蝶；蚌用毕生的精力，把粗沙变成晶莹的珍珠；火山也许度过了万年的沉寂，才会有喷涌一次烈焰的辉煌。

## 做到今天的最好

为明天做得最好的准备就是珍惜当下,做到今天的最好。看破、放下、解脱、自在。看破就是明白,放下就是解脱,解脱即得自在。心不藏负面情绪,不沉迷物欲,生活简单,多些付出,少些期许。因心无所恃,所以能随遇而安。以平常心看世界,花开花谢皆是风景。

## 从信任到信心

信任是打开我们心扉的一把钥匙，是一种弥足珍贵的东西。没有人能够用金钱买得到，也没有人可以用利诱和武力争取得到。它来自一个人的灵魂深处，是活在灵魂里的清泉，可以挽救心灵，让心灵纯洁并充满自信。信任源自了解，深信是因为智慧。信任的精深是信心。

## 宽容是一味良药

宽容别人的同时,也敞开了自心的门窗,让阳光照进来,愤怒、怨恨和恐惧的幽暗就会悄然消逝。宽容是一味良药,心宽一寸,病退一丈。

## 拥有一片清淡明晰的心境

　　如果你拥有一片清淡明晰的心境，即便身处喧嚣闹市、世俗红尘，亦能感受春风过耳、秋水拂尘的清雅，心不会被幻象所束缚、迷惑。一剪闲云一溪水，一程山水一年华；一世浮生一刹那，一树菩提一烟霞。如果你昏昧迷蒙，即便住于绝尘僻壤，心也未必能自在无碍。

## 心不染于世俗的污泥

不要背离人群，不要逃避责任或躲避义务，要摆脱对人们的执着与依附，摆脱对名利、称誉、欲望的恋慕与贪执。于人于事亲近却不沉迷、染污，恰如莲花的出淤泥而不染，心不染于世俗的污泥。平凡或显赫，尊贵或低贱，富贵或贫穷，无论怎样，皆能持平常心，待人观己，离诸分别，而心怀高远，恰如莲花的高贵和纯洁。生活当中，不要被虚幻假象所欺惑和蒙骗。离诸虚妄方能见真实。

## 何心待人得何果

以言语讥讽人，挖苦人，中伤人，那是在播下灾祸的种子；以宽容心包容人，接纳人，宽慰人，那是在积攒福气的能量；以势力压制人，欺侮人，排挤人，预示着招致的怨尤已经离自己不远了；以道德品行感化人，影响人，打动人，美誉会似水一样源远流长。

## 做人要能随遇而安

做人要能随遇而安,不固执;随缘生活,不刻板;随心自在,不沉迷;随喜而为,不生嫉。胸襟宽大,条条都是坦途大路。

## 幸福是一种心理状态

幸福是一种心理状态。它不流于表面,而存于你的内心。找寻内心的宁静,遇见真实的自我,幸会幸福。

## 给心松绑的方法

　　看清一个人不必一定要去揭穿；讨厌一个人不必非得翻脸。各人有各人的习气。最大的修行是省察自心，采用避开、转化或看透其真实面目，无论哪个方法都好，只要能解决，哪个方法最适合自己的禀赋、最适合当时的自己，就是好的、正确的方法。

## 善于倾听

好话听了不骄,坏话听了不恨,不顺耳的话听了不躁。胸怀坦荡,顺耳能容言。容言是力量,倾听别人需要勇气。容言是智慧,耳顺缘于能容的心。容言是耐心,心慈如水,消融万千冰。平常人真诚心相交,超己者虚心相交,劣己者平等心相交。清净平等,胸襟能容人。高不谄媚,低不轻蔑。不心怀功利,不以貌取人。心平如水,澈可照人,人人都是贵人。

## 最难是养心

自我修养的道理,没有比养心更难的了。心里既然知道有善恶,却不能尽力行善除恶,这是缺乏践行勇气的表现。内心是不是自欺,别人无从知道。

## 好坏在于一念间

事本无好坏,好坏在于一念间。做个聪明、乐观的人,凡事往好处想,以欢喜的心想欢喜的事,以积极的心行正确的路,自然成就欢喜的人生,行于正确的道路。不要成为愚痴的人,凡事都朝坏处想,以苦恼的心想苦恼的事,以褊狭的心行于错误之路,终成烦恼的人生,一步错、步步错。有些事,看似为善,以恶念行之,实则为恶;有些事,看似不善,以善念为之,实则是善。

## 善于经营自心

有人幸福,有人不幸,看起来都是外在的因素,实际上,幸与不幸,唯人自招。世间的幸福,是因经营自心而得来。幸福缘于减却欲望,看开、放下;幸福存在于无我利他的过程中,自私少了,为人多了。幸福在追寻幸福的路上。

## 品味人生本真情味

简单生活,品味人生本真情味。人生有许多东西可以放下,心头羁绊太多负累,你便无法浮出世俗的水面看本真风景。只有放得下,才能重新拾取。放下额外的,剩留本有的。尽量简化你的生活,你会发现那些平时被忽略的才是最美的风景。因为简单,方能感受到生活中点滴的美好。

## 同中求异、存异

每个人因背景、阅历等的不同,而各有不同的性格、习惯和人生。世间人,趋同的太少,相异的太多。人与人只有在同中求异、同中存异,才不容易产生误解甚至冲突。如果能心怀善意和努力化解矛盾,胸怀宽大一些,你的世界也会变得宽广。

## 把清净请到心里

　　人之所以有烦恼，是因为心地不净。不必把太多东西请进生命里，让生命承载不起而枯萎低迷。得遇真爱，学会感恩；对于所爱，学会付出；对他人的怨恨，学会原谅；给予他人的伤害，学会道歉；遭遇嫉妒，学会低调；心生嫉妒，学会转化；与人有隔阂，学会沟通；对他人所处境遇，常怀理解之心。

## 驯服你的「野马」

未被驯服的野马，会恣意而为。自己的心如果从未采取有效的方法让它调柔寂静，在欲望的支配下无止无休地向外追逐，就如同未被驯服的野马。只有通过有力的方法训练，才能让这颗野马般的心变得柔和、自在、自然。

## 简单是一种智慧

做个简单的人。简单是一种智慧。懂得看破和超越许多别人不能看破和超越的东西,会生出一个全新的自己。"简单"的过程是让自己脱离繁杂的物质诱惑和自我局限与束缚的过程,是一种让心境越来越清澈、纯净的过程。心简单,行也简单,外面无论如何熙熙攘攘,内心也不会嘈杂和喧闹。

## 不要让太多的昨天占据今天

再长的路,一步步也能走完;再短的路,不迈开双脚也无法到达。眼睛辨明方向,脚步踏上道路,迟早能到达目的地。不要让太多的昨天占据今天,过去不可得,昨日不复来,珍重当下。不要让今天丢失在对明天的妄想中,无论是妄想还是明天,都如昨日一样了不可得。放下浮躁,放下懒惰,放下三分钟热度,放空禁不住诱惑的大脑,放开容易被外物吸引的眼睛,放淡闲聊的嘴巴,静下心来,好好做该做的事。

不管昨天发生了什么,都已过去了,也不会重来,更无法更改。就让昨天把所有的苦和累都远远地带走吧,生活只有前进没有后退,输什么也不能输了心态。怀着大爱与希望的心继续走今天的路,带上体谅、理解、宽容和谦让,快乐地向美好出发。

## 过滤你的人生

面对人生烦忧,不乱于心,包容而睿智,这样的优雅不是刻意的雕琢,是因具有看破的慧眼。

面对时光荏苒,不困于情,随和而不染,这样的情怀不是无情,是因拥有超然物外的智慧。

面对生命起伏,不惑于世,坚强而安谧,这样的气度不是冷漠,是因不迷惑于虚妄的外境。

这样的人生是一种过滤,将虚妄从幻境中滤除,显露生命的本真。

## 你自己决定别人看你的眼光

一个人内心怎样看待自己，在外界就能感受到怎样的眼光。一句西方格言也说："别人是以你看待自己的方式看待你。"不是吗？

一个从容的人，感受到的多是平和的目光；一个自卑的人，感受到的多是歧视的目光；一个和善的人，感受到的多是友好的目光；一个叛逆的人，感受到的多是挑剔的目光……可以说，有什么样的内心世界，就有什么样的外界目光。如此看来，一个人若是长期抱怨自己的处境冷漠、不公、缺少阳光，那就说明，真正出问题的正是他自己的内心世界，是他对自我的认知出了偏差。这个时候，需要改变的，正是自己的内心；而内心的世界一旦改善，身外的处境必然随之好转。毕竟，在这个世界上，只有你自己才能决定别人看你的眼光。

一位作家说过一句话："外面没有别人，只有你自己。"你有什么样的内心就会有什么样的世界。我们往往花大力气去了解别人，认识别人，却很少花精力去了解自己、认识自己和想办法改变自己。

## 善待一切

人生路上,要学会善待他人。与人为善,路越走越宽。要懂得善待自己,从善如流,福从中出,慧以此长,心境会越来越安适。无论善待谁,其实都是温暖在流转,都是爱在延宕,最终,施及别人,惠泽自身。

## 换个角度想

世间事，祸福、得失往往难以预料，有无、好坏也并非绝对，因为无常。遇事，如果能换个角度想，总能从窘境中找到希望和突破；逢人，如果能以对方的立场考虑，总能在僵局中圆融与和谐。当遇到无理的人时，若躲不过，不妨容忍；当受到流言中伤时，若避不开，不妨让自己不去理会；当看到别人受难时，若有力量，不妨给予体恤；当遭遇不幸时，若已发生，不妨鼓励自己勇敢和坚强。

## 包容不同的他人

　　心胸宽广，不是指能装下不同的自己，而是指可以包容不同的他人。旋马之地，接纳他人无数，一定有最善良的心。爱惜他人，爱惜自己，爱惜缘分。学会宽恕，学会退让，学会取舍。

## 时时反省自己

凡夫之心常有妄想、是非、恶念、自私、执着等各样妄动和负面思维。应以惭愧和忏悔之心，时时反省自己、要求自己；不随境转，不逸散妄动；以智慧之心，明辨是非；以果断之心，斩断烦恼习气。

## 不要向痛苦让步

不要追究先前的痛苦，一切事物，不管孰好孰坏，都已经是过眼云烟了。不要预料未来的痛苦。不管现在你遭受何种痛苦，不要让步，要再再地鼓起勇气。将心安住在本然的境界中，不造作、不自溺。超离对一切幻象的执着，也就摆脱了束缚，回归自在安然，无苦无恼。

## 知足常乐

《佛遗教经解》里这样说:"汝等比丘,若欲脱离苦恼,富观知足。知足常乐,即是福乐安稳之处。知足之人,虽卧地上,尤为安乐;不知足者,虽居天堂,亦不称意。知足之人,虽贫而富;不知足者,虽富而贫。"内心知足是真富贵,不要被各种欲望勾召、牵绊而失去了本要得到的东西——安乐。

## 平静最难

人生中，有时风雨，有时晴空，会经历阴云密布，也会遇见彩虹……人生无定势。当经历了繁华，会发现平淡最真。正值低谷，会发现平静最难；站在高峰，会发现放下不易。大多时候，人生不会一成不变——未必总是坎坷，也未必总能顺利。不管境遇如何，告诫自己持平常心。学会释然种种的不尽如人意，或许你会感受到别样的轻松与知足。多一分洒脱，少一分抱怨；多一分悠然，少一分自傲，让自己于豁达中感悟生命，解读生活。人生苦短，不要虚度光阴，缱绻在情绪里；人生难得，不要浪费时光，受困于环境中。做正确的事，坦然愉悦地度过岁月。

## 自在驾驭自心

　　被情绪所左右,被外境所乱心,这样一定太累。人最大的敌人不是别人,而是自己。能够自在驾驭自心,一定松弛而欢喜,不会累。只有战胜自己,才能战胜困难;只有征服自心,才能随缘自在。洒脱不在外,而是烦恼被折服后的轻松,欲望被化解后的清净。

## 一切的选择在自己

生活就是这样,不如意事十有八九,但我们可以不看八九,而常看一二。我们改变不了生活,却可以改变自己,而生活会因此而改变。生活其实很宽容,因为一切的选择都在自己。我们可以选择不生活在对别人幸福的羡慕里。与其仰望他人的辉煌,不如亲手点亮自己的心灯,扬帆远航,积极面对和争取,幸福其实就在自己手上。

不要让别人的想法决定你的人生。呵护自己的善念,风雨无阻地前行,总能看到风雨后的彩虹,总会有花开见佛的时候。换个角度看世界,世界或许给你不一样的精彩。

## 得之坦然，失之淡然

　　一生辗转千万里，莫问成败重几许。得之坦然，失之淡然，才会更深刻地解读自己。向太阳就是快乐，不必问是否春暖花开。我们可以选择不顾影自怜，而可以选择为别人的精彩而投入地笑一次，忘却自己；给弱势者真心的帮助，投入地爱一次，忘却自己。生活中，快乐面对便是精彩，你何尝不是别人眼中的风景！

## 不为诱惑所动

诱惑就像美丽的罂粟花，洋溢着绚烂和芬芳，于是，很多人明知是毒药，仍落入它的圈套，热烈地想要拥有而不能自拔，而堕入陷阱，而遭受惨痛。衡量一个人的智慧，不仅在于他的能力，更在于他不为诱惑所动的定力。

## 心生羡慕不如做好自己

  与其羡慕别人，不如做好自己。肤浅的羡慕，无聊的攀比，笨拙的效仿，只会让自己成为他人的影子。盲目的攀比，不会带来快乐，只有随之而来的烦恼；不会带来幸福，只会让人陷入痛苦。与其虚度人生，不如善用光阴。挥霍时光是浪费不起的奢侈。生命，越努力越幸运。朝着对的方向前行，越走越幸福。

## 俯仰是一种心态

把自己抬得过高,别人未必仰视你。傲慢的山上留不住水。把自己摆得过低,别人未必尊重你。没有人是完美的,无须遮掩自己的缺失。做人要能抬头,更要能低头。一仰一俯之间,不仅是一个姿势,更是一种心态、一种品质。

## 珍惜一起看风景的人

人生的路上,珍惜一起看风景的人,不管是亲人还是路人,甚或是仇人。或许在下一个转角,便会挥手告别。或许彼此又会相逢,但那时的你我,大多早已忘记曾经的恩与怨、苦与甜。所以,请珍惜一起看风景的人。

## 沉静的心
## 能映出最美最真的你

　　生命的旅途总会有分分合合，光阴的转角总会有来来去去。时光跌跌撞撞，生命浮浮沉沉，不要被纷扰的外境迷离了慧眼。一颗心能容下多少悲喜，一段光阴能包容多少曾经。不要被躁动的浮华掀起无尽的涟漪，扰乱沉静的心湖，一波未平，一波又起。不染的、沉静的心，能映出最美、最真的自己。静默里，幻影再不能欺骗和愚弄智慧的你。

## 人生只是经历什么

　　人生不能拥有什么,只是经历什么。有缘必来,来则不推,好也罢,歹也罢,欢迎;无缘不遇,求也无益,期也罢,盼也罢,目送。随缘自在,自在随缘,放下不累,偏执烦忧。一切顺其自然。识自本心,见自本性,不逐妄念,无心无为,自由自在,动静自如,冷暖自知。平静来自内心,勿向外求。花开有声,风过无痕。眼前的,好好珍惜;过去的,坦然面对;未来的,不自妄想。

## 让自己去适应每一种容器

一个小伙子满心忧愁地来拜见师父。他问道:"师父,我想离开现在的环境,找个清净的地方闭关,您能帮我吗?"

师父并没有急着回答,而是将一杯水递给小伙子,说:"你看杯子里的水,你要把水当作老师,好好跟它学习。"

小伙子一头雾水:"跟这杯水学习什么?"

师父温和地说:"你看,无论把水倒进什么形状的容器,水都没有想着去改变容器的形状,或者抱怨任何的容器,而是让自己去适应每一种容器,然后和谐、完美地容纳其中。修行也要这样,并不是要去逃避现实,而是融合社会,适应环境。"

## 放下，不执着

　　放下、不执着，是非常好和非常高明的为人处事之道。于人持以尊重、理解和包容，友好而善意地常做沟通交流，珍惜和照顾好彼此的情谊。于事不敷衍、潦草、马虎，明晰洞察，慎取因果。放下、不执着，不是随弯就势于自己的烦恼习气。能够放下和不执着，是因为具有超出对自身及环境局限的认识，具有大智慧。放下、不执着，是积极进取的态度和对于已经发生的结果放得下的洒脱。

## 选对自己的位置

渔民说,触礁倾覆的船比被飓风掀翻的船要多。人生的许多关头,不在于抗风雨,而在于补漏洞。园丁说,不是所有的花都适于肥沃的土壤,沙漠就是仙人掌的乐园。人生的许多成败,不在于环境的优劣,而在于你是否选对自己的位置。山民说,艳丽好看的蘑菇往往有毒,苦涩的野菜常常败火。人生的许多智慧,不在于观察,而在于分辨。取舍,非据自心感觉与喜好,应以善恶为准绳。

认清目前的自己,找到属于自己的位置,走自己的道路,且行且珍惜。

## 没有什么不能放手

没有什么是不能放手的。回望昔日，你会发现，曾经难割难舍的、曾经占据身心的、曾经极为重要的、曾经以为无法放手的，如今，或许已无足轻重，或许只是个淡淡的回忆，或许早已经忘记。所执着的情或物，已如昨日尘埃般飘散，如日影西斜般走远，剩下的，是因执着而生的烦恼，因烦恼而造作的痛苦。执着如同慢性毒药，它未必即刻显露出导致人痛苦的真面目而让你发现，而是狡猾地伪装成快乐，让你越陷越深。只有当下醒悟，勇于放手，才能享受快乐、自在。

## 好心,好福气

养心不在外,好心,好福气。平和不贪婪,心就不会累,常感知足,常生感恩,常生喜悦。朴实惜物,心就不会劳。向外求胜,神伤。向内求安,不迷。心安即定,定生则福慧生。低调不张扬,心就不会散。外散易失,内敛养慧。韬光养晦,魔障不扰。真挚豁达,心就不会狂。晓人情,明事理,他人敬信。不苛刻,不欺诳,自心舒爽。

## 逆风扬尘,尘不至彼

努力让每天都有意义,不只为自己,也为他人的福祉而发奋。佛陀在《四十二章经》中说:"逆风扬尘,尘不至彼。"无论你给到谁的利益,从长远来说,都是给自己的利益;无论你伤害到谁,从长远来说,都是伤害自己。

## 微笑善良最有力量

　　微笑是最有力量的表情,能够消弭隔阂和仇视。所以,常常保持善意、友好的微笑,世界也会灿烂。

　　善良是最有力量的胸怀,能够退却丑恶和凶暴。所以,一直拥有善良,太阳照不到的地方也是温暖的。

## 学会宽容

学会宽容。宽容是豁达,是理解,是尊重。因为内心强大,所以宽容。宽容的人坦荡,无私无畏,无拘无束,不染纤尘。宽容不是无原则的放纵,也不是忍气吞声、逆来顺受。宽容是有益的生活态度,是睿智安忍,是大度的包容。

## 学会调节自己的心情

心烦意乱的时候发脾气,是不明智的选择。情绪的宣泄也许会让自己得到短暂的舒缓和释放,却会对彼此造成长久的伤害。不管发脾气的对象是最在乎和关心你的人,还是普通人,甚至是陌生人,也许一个转身,原本熟悉、亲密或友好的两个人,从此永不相见,形同陌路,甚至埋仇结怨。人生没有如果,过去的不再回来,回来的不再完美。

心烦意乱的时候,以正确的方式疏通,是修炼,也是修养。学会调节自己的心情,不要因为别人的在乎而放纵自己的情绪,不要因为别人的真爱而肆意地宣泄自己的心绪,也不要把自己或别人的过错变成负面的情绪惩罚自己与他人。

## 生活缺的是发现和创造幸福

生活中不缺幸福,缺的是发现和创造幸福。愚者以为幸福在遥远的彼岸,智者懂得将周遭的事物培育成幸福。幸福是心的感觉,幸福与哀愁往往会同时敲响心门,把谁邀请进来,就将与谁同在。不幸往往源于自己,烦恼往往源于比较,痛苦往往源于不知足。知足如点金石,可使接触的东西变成黄金,就是幸福。在心中寻找平和的人,是最幸福的人。

当烦恼和痛苦不请自来的时候,做个阳光的人,乐观、从容、坚韧。痛苦和烦恼就像冰雪,在阳光里终将会融化。

当你感觉不到幸福和快乐的时候,就做个发现者,因为幸福和快乐原本在那里,需要你用智慧的眼睛去发现。

## 学会看见美和善

学会看见美。世间虽没有十足的完美,但以美好的心去看,欣赏到的总不会很丑。

学会看见善。世间虽没有绝对的善,如果自己心中装着善,世界总不会遍布恶。

## 正面积极的心态酝酿快乐

快乐或痛苦根本不取决于外境，而是源自心的本身。正面积极的心态酝酿快乐，负面消极的心态积蓄痛苦。苦从私心起。一切痛苦的根本是自私心。快乐从布施开始，而割舍执着是真正的布施。自己所不欲的苦和欲求的乐，也都是他人的所想。常能换位思考，爱人如爱己，快乐也会随之来拜访。

## 生命如轮

生命如歌,但却没有永恒的调子,你难以知晓它哪时会起、哪时会落。让如歌的生命悠悠静静地流淌就好。若仁者心不动,若风、若幡,动或不动,又何妨。外境的诱惑、境遇的变故不知何时会来,或者始终都在。心不动,静悠永在。

生命如轮,但却没有不变的方向,你难以驾驭它何时要走,何时该停。让如轮的生命驶上对的路就好。

# 好父母的第一要务

好父母的第一要务是把孩子当作独立自主的个体。虽然是你把他带到人间，而且辛苦养育他，但那并不意味着他必须属于你。事实上，他谁都不属于。今生的因缘际会令他与你成为父母与子女的关系。你与他都是各自独立的个体，相互不属于彼此。你们该成为心灵的良师益友，共同成长、相互学习和进步。父母给予孩子爱是天性，但溺爱不但不会很好地帮到他，反而可能适得其反。父母的成长在于调整爱的发心和爱的方式。不执着是最难得最珍贵的爱。不一味伸出援手代替孩子处理一切问题，或强迫孩子按照父母的意愿走所有的路，是良好的爱的方式。给予孩子机会、关心、爱，还有信任，你给予这些越多，生命就长得越好。

当你的孩子独立、有责任感、懂得爱和学会付出爱的时候，你的教育就是成功的。今天如果你教育出来的孩子对自己有安全感，对自己的能力有信心，那么到哪里他都能靠自己渡过难关。

## 梦想不是一蹴而就的

不经历千锤百炼而梦想一蹴而就是不现实的。每个粗大或细微烦恼习气的净除都需下足功夫。虚妄除尽,心性显露。寻找心性的路上,那些你沿途洒下的汗水,那些你暗自回流的热泪,那些你倾心传递的温暖,悄然凝聚,将在不经意的某一天汇聚成一道彩虹,穿越时空来拥抱你。

## 坐下来静赏花开

生命，是一个存在的过程。考验我们的不只是生死，还有整个的过程。于过程中，我们的心思、行为与言语会深深影响每一个起点和终点。

静一静，让心停下追逐匆匆不停息的脚步。心静了，才能听见自己的心声；心清了，才能照见万物的实相、心的本然。看清了才会正确取舍，懂得了一定要知道放手。

世间事，不甘放下的，往往不是值得珍惜的；苦苦追逐的，往往不是生命需要的。人生的脚步常常走得太匆忙。停下来笑看风云，坐下来静赏花开，沉下来平静如海，定下来静观自在。心境平静无澜，万物自然得映，心灵静极而定，刹那便是永恒。

## 笑人等于笑己

笑人等于笑己,不要笑话别人。尊重别人等于尊重自己,真心尊重每个生命。不轻视和嘲笑任何人。放大自己的长处和别人的短处都是褊狭。错误的想法、不健康的心态会带来错误的行为和态度。一个小小的轻蔑或嘲笑,可能要付出很大的代价才能弥补心与心之间的距离。傲慢有时不是因为自己真的高人一等、胜人一筹,而是心虚。因为缺少,所以在意;因为不足,所以渴望。放平自己,谦虚、恭敬,不仅是尊重,也是姿态,是得到,不只有尊重和友善,也是提升和战胜,更是一次自我疗伤。

## 染于黄,染于苍

　　选择亲近何种人,你就容易成为何种人。和勤奋的人在一起,你不会懒惰;和进取的人在一起,你不会消沉;与善良的人在一起,你不会恶毒;与慈悲的人在一起,你不会凶残;与智者同行,你不会愚痴。

## 自勉修心

人生的路，沟沟坎坎，都是正常事；生活的味，酸甜苦辣，都是平常情。有些事，顺其自然也很好；有些人，随缘处之也很好。人生路上，不管好的坏的，遇到了安然处之也很好，平常心，清净意，不随不逐，不避不寻。没有阳光，学会享受风雨的清凉；没有鲜花，学会感受泥土的芬芳。看到彩虹，观想如梦幻；听到掌声，视为空响声。想要的多了，是负累；奢望少了，会平和。以微笑的眼睛，能看见更美丽的风景。有简单心境，能有时常快乐的心情。如果是未经修行和改造的心，这些烦恼会始终此起彼伏地占据身心，驱散喜悦和宁静，令身心不安与痛苦。若想快乐自在，必须自勉修心。

## 珍惜现在的每时每刻

世间皆无常。无常的力量巨大无比。不论愚昧、智慧、贫穷、富裕、有地位者，都难免于无常。珍惜现在的每时每刻。人很容易被日常生活消磨得麻木和循序不前，对生命不敏感，对自心失掉呵护和观照，驰散于外境。因此，有必要经常提醒自己，不要忽略和错过人生中那些最珍贵的因缘和应倾情投入去做的、有价值的事情。每个人都有一个福袋，你往里装什么，就会得到什么。命运给你一面镜子，你对它做什么表情，它就会回报你什么表情。

## 用心生活

人生没有花常开，有苦有甜有无奈。于因，尽力；于果，随缘。人生没有月长圆，有聚有散有悲哀。合也是缘，分也是缘，放下。人生没有春常在，有好有坏有伤怀。不喜不自胜，不痛不欲生。要常存平和之心。不要活在自我的世界里，盲目自大；不要活在别人的世界里，随波逐流。活在当下，不迷失。用心生活，但求真。

## 不要轻易去爱恨

不要轻易去爱,更不要轻易去恨。记恨最大的坏处是,拿别人的痛苦来继续折磨自己,把人格弄得越来越扭曲。因为多数人不敢在明处报复,于是都在暗地里攻击,不知不觉间,把自己变成了小人。让自己活得轻松些,让生命多留下些潇洒的印痕。你是快乐的,因为你有一颗宽容的心。这个世界除了生死,都是小事。何不"笑看人生"。

## 欲望当止步

凡有奢求,必招来烦恼;凡是欲望,必要付出代价。每个奢求的背后,必会等待着更多的奢求,每次贪欲的结果,往往滋养更大的贪欲。于是,在膨胀的欲求中,烦恼追着不满足,欲望难止步,只是恬静安宁不见了。每当回首,在路的那一头,站着自己想要的幸福,在心的这一头,蜷缩着疲倦和不安,原本想得到的和所要追求的渐行渐远,想舍弃和远离的却与自己始终相伴。追寻幸福,欲望当止步。

## 平静来自内心

平静来自内心,勿向外求。花开有声,风过无痕。坐亦禅,行亦禅。眼前的,好好珍惜;过去的,坦然面对;未来的,不自妄想。

## 饮清净之茶

走正确之路,放无心之手;结有道之朋,断无义之友;饮清净之茶,戒色花之酒;开方便之门,闭是非之口。

## 超然物外，而又懂得善待

逢遇悦意时，当视其若雨后彩虹，纵然美丽曼妙，然而了然无实，莫不知足。遭遇不幸痛苦时，莫悲戚，一切如同在梦中失去挚爱亲人而悲戚苦恼并无不同，莫捆缚幻境中疲倦身心。超然物外，而又懂得善待，是人生最高境界。

## 释然生活中的不尽如人意

　　释然生活中种种的不尽如人意，或许你会感受到生活别样的轻松与知足。多一分洒脱，少一分抱怨，多一分悠然，少一分自傲，让自己在豁达的心态中，感悟生命，解读生活。人生苦短，不要为难自己，受牵制和困缚于情绪。人生难得，不要浪费和虚度光阴，做正确的事，坦然愉悦地过岁月的河。

## 及早倒掉鞋里的沙子

一个参加长跑比赛的人鞋子里进了一粒沙。沙子很小几乎觉察不出，于是他决定到终点再倒出沙子。跑久了，脚开始磨得厉害，他仍不想停下来，最后严重到举步维艰，不得不中途退出比赛。很多问题最初也许像粒细沙一样微小，但若不及时解决，日后也许会发展成致命的大麻烦。停顿有时未必是浪费时间，不顾一切未必真能坚持到终点。

## 不计较

别为小事去计较,别为钱财去烦恼,别被贪欲所笼罩,别被情绪所困扰,别和他人去比较。生命中还有很多值得你去谱写的篇章。

## 知足与感恩

选择怎样的生活，你就会得到怎样的人生。如果生活仅以金钱为中心，那人生就是计量单位，劳心费神，情薄谊疏。如果生活是以攀比为中心，那人生就是比赛场，虚荣恼恨，片刻无宁。如果生活以宽容为中心，那人生就是广袤宇宙，自由自在，无拘无束。如果生活以知足为中心，那人生便处处圆满，常常有惊喜，时时皆快乐。如果生活以感恩为中心，那人生时时是温暖，处处是回报。

## 善待逆境中的自己

处于逆境的时候,要懂得善待自己。谁都会遇到困难,谁都会遭逢坎坷。生命的河,不光有滩涂,还有暗礁和险滩,绕不过时,不妒、不恼、不起恶,从容面对即是善。再大的险暗,都是明天的风景。

## 善待是一种平和的心境

在顺境的时候,想着去善待他人。己顺,示人以平和;己达,示人以谦恭;己喜,示人以沉静。即使没有那么高的境界,至少可以做到不张狂、不招摇、不炫耀、不争胜。善待,有时候就是一个亲切的姿态,就是一种温和的态度,就是一种平和的心境。

## 认真生活，不留遗憾

认真生活，不留遗憾。人生有很多责任需要承担，面对应该面对的，承担、做到、做好是对生活最大的热爱。人生没有完胜或败北。放下该放下的，担起应承担的，坦然面对，尽管人生如梦，仍要在梦中完美自己的人生。简单生活，坦诚面对。

## 苦是人生路上的鹅卵石

　　苦是每个人都要经受的,它对任何人都是平等的,只不过每个人所经历的痛苦方式各不相同罢了。苦就如同铺路的鹅卵石,人生的路上铺满痛苦的卵石,想躲避或想绕过,通常是天不遂愿。当你从容面对和坦然接受,并放下对外物的贪婪和欲望、愤恨和嫉妒、占有和控制时,将会发现你的人生已悄然改变。

## 做好自己该做的事

容易做的事踏实地做,艰难的事耐心地做,不顺心的事快乐地做。高瞻睿智,心量能容事。做任何事,不因其易而轻视,不因其苦而放弃,不因其难而退缩,不因有功而自傲,不因无过而自喜。做好自己该做的事,一切都是好事。

## 成熟就是明舍

　　人的成熟不是年龄，而是懂得了放弃，放弃追逐虚幻的欲望，让心有知足的富裕，给心松绑和解放；学会了圆融，事理无碍，事事无碍；知道了不争，也是与自己、与外境的和解。

## 真正的幸福一定超越于物质

　　幸福不是拥有财物的量,而是内心欢喜的度;幸福不在于多么奢华,而在于内心多么坦然;幸福不是容颜不老,而是笑容灿烂;幸福不是在成功时得到热烈的喝彩,而是失意时依然能有人不离不弃。幸福不是物质,物质的幸福不是真幸福,真正的幸福一定超越于物质。

## 弱水三千,取一瓢饮

弱水三千,取一瓢饮,便能解除干渴;佛法虽有八万四千个法门,如果能够确实奉行一法不违,便能得到利益。

## 处事要从恬淡着眼

处事要从恬淡处着眼,不迷于纷繁;生疑处用心,思而后行;拙处力行,勤恳下功夫。做事大处要有魄力,小处要能细心,难处要肯忍耐。做任何事都要持之以恒,善始善终。

## 无求品自高

人贵在能独善其身,又不恃才傲物,为人处事才能不卑不亢。天不言自高,地不言自厚。不自作聪明地夸耀自己的才能和实力。无求品自高,无欲心自洁。

## 真诚地欣赏别人

每个人身上都会有优点或长处，学会真诚地欣赏别人，你也会得到别人更多的欣赏。培养自己宽容、友善的心，以欣赏的眼光发现别人的长处。

学会欣赏他人，胸有雅量，善识人，能容人，放大他人优点，忽略他人缺点，这样既能让别人感觉自身价值，也能让自己从中受益，达到双赢效果。

## 有为有不为

有为有不为,知足知不足;锐气藏于胸,和气浮于面;才气见于事,义气施于人。

## 被人需要为贵

心中无缺是富,被人需要为贵。心甘情愿吃亏的人,终究吃不了亏。能吃亏的人,人缘必然好,人缘好的人机会自然多。爱占便宜的人,终究占不了便宜,捡到一棵草,失去一片森林。心眼小的人,天地无法广阔宏大。要宽容和善待他人,笑看风云淡,坐看浮云起。

生活有朝气,活得畅畅快快;工作讲效率,做得踏踏实实。以平等的爱心待人,以磊落的胸怀接物,则人生时常有好运相伴。不要计较付出,这世界总有比我们悲惨的人,能为别人服务比被服务的人有福。懂得知足,就是最幸福的人生。

## 善与人处

身处社会，置身人群，要学会与各种人相处，理解人、宽容人，适应环境。多看他人长处，多观自己不足。以人之长补己之短，以己之长助人之短。用智慧和善心，与人善处。

## 淡泊是治疗寂寞的良方

平静是克制浮躁的利器,淡泊是治疗寂寞的良方。成大器者,绝非热衷功名利禄之辈,而是淡泊名利、心无挂碍之人。一个人唯有心胸宽广,性格豁达,方能纵横驰骋;若是纠缠于锱铢之争,必然郁郁寡欢,神魂不定。唯有对人对事心平气和、宽容大度,才能处处契机应缘、和谐圆满。

## 做人当如水

　　做人当如水。避高趋下是一种谦逊，奔流到海是一种追求，刚柔相济是一种能力，海纳百川是一种大度，滴水穿石是一种毅力，洗涤污浊是一种奉献。润万物而悄然，随形盛器而不失本性。

# 成功人生的三种境界

成功人生的三种境界：

冰虽为水，却比水强硬百倍，并且越是在寒冷恶劣的环境下，它越能体现出坚如钢铁的特性——百折不挠。

水自甘流向低洼之地，哺育了世间万物，却从不向万物索取——周济天下。

雾聚可成云结雨，化为有形之水，散可无影无踪，飘忽于天地之内——无执无缚。

## 每个人都有自己的路要走

每个人都有自己的路要走,每个人都有自己的苦痛要承受。痛了,给自己一点坚强;失败了,给自己一个目标;跌倒了,在伤痛中爬起,给自己一个宽容的微笑,继续前行。

我们不应该选择低头苦闷和消沉,而应满怀乐观和感恩。只有昂首走路,才能欣赏到周遭的风景和远处的风光。

## 沟通的技巧

与老人沟通,多些顾及他的自尊;与男人沟通,多些顾及他的面子;与女人沟通,多些顾及她的情绪;与上级沟通,多些顾及他的尊严;与年轻人沟通,多些顾及他的直接;与儿童沟通,多些顾及他的天真。如以一种态度、一种方式走天下,必然处处碰壁;因地制宜,因人而异,多怀感恩心、宽厚意,才能四海通达。

## 少点心事

　　人的心本来不该满是欲望、贪念,如果心里装着太多这些东西会成为心事;当你装得更多的时候会成为心病。如果心无挂碍,还原本来清净的心,那一定是幸福快乐的!

## 大道至简

上善若水，处下不争。大智若愚，勿恃聪明。淡泊恬适，明心立志。滴水穿石，贵在坚持。厚积薄发，以柔克刚。海纳百川，包容涵藏。戒骄祛躁，平等待人。涵养心性，静定归真。心诚则灵，唯德感天。大道至简，淳朴自然。

## 以平常心生情味

以清净心看世界，以欢喜心过生活，以平常心生情味，以柔软心除挂碍。大其愿，坚其志，细其心，柔其气。如此过活，自心安，他人适，具情味。

## 至近至远,至深至浅

　　离你越近的地方,路途越远;最简单的音调,需要最艰苦的练习。

## 莫让心结苦心绪

　　一件事情的发生,衡量不出一颗心的淡定;而一颗心的淡定,却能影响一件事的解决结果。一个人的深度,衡量不了一颗心的从容;而一颗心的从容,却能彰显一个人的深度。让人们豁然开朗的,也许只是一个道理;左右人们心绪的,也许只是一个心结。将心放宽、看破、放下,以一颗平常心应对世间所有的无常。

## 抓不住不如早放手

　　世上种种美好与精彩,我们并非都能抓到。既然抓不到,何不早放手,让它们继续自己的精彩,让自己得到安宁与豁达。微笑坚强乐观豁达地生活,生命会有各种不同的精彩。有些人与事,既然抓不住,何不送一程。

## 烛光人生最有价值

怎样的人生更有价值？当我们的人生对他人而言是一支蜡烛，带来的是光亮而不是黑暗，提供的是温暖而不是寒冷；对我们自己而言是一支由自己暂时拿着的火炬，而我们能把它燃得旺盛，驱逐掉偏执愚痴。这样的人生就是更有价值的人生。

## 随和是一种能力

随和是淡泊名利时的超然,曾经沧海后的井然,狂风暴雨中的坦然。随和的人,高瞻远瞩,宽宏大度,豁达潇洒。随和的人是谦虚的人,明白"尺有所短,寸有所长"的道理。随和的人是没有贪欲的人,懂得控制自己的世俗欲望。随和需要"不以善小而不为,不以恶小而为之"的处事之道。随和不是懦弱,是一种能力。

## 不必和命运争吵

恶必断,善当行,应记牢。不必和命运争吵。如果不能做太阳,就融进银河,安谧地和其他星球为伴照亮长天;如果不是参天大树,就没入草莽,微笑着同清风合力染绿大地。善待生命,不负年华。

## 心与外物

大其心，容天下之物；虚其心，爱天下之善；平其心，论天下之事；潜其心，观天下之理；定其心，应天下之变。

## 学会孤独自己

笼罩最美月光的多是幽静僻远的山谷。我们应学会孤独自己,与生命的当下约会。不羡慕外境的光怪陆离,不追随逝去之念,不贪恋其好,不憎恨其恶,不迎接未生之念,不好奇于猜想,不缠绵于遐思。单单地只寂静安住于当下。那是生命富足的时刻,安宁快乐觉悟解脱。生命就在那一刻怒放。

## 生命的真相

生命的美,不在它的绚烂,而在它的平和。平和处见广大。生命的动人,不在它的激情,而在它的平静。平静处见深远。生命的力量,不在它的喧嚣,而在它的寂止。寂止方能生慧。

## 心犹如树叶

　　宁静的森林里,如果没有风,树叶会保持静止不动。然而,当一阵风吹来时,树叶便会拍打舞动起来。心,犹如那树叶,感到快乐时,就屈服于快乐;感到痛苦时,就屈服于痛苦,它总是在混乱之中。

## 看淡世事沧桑

心小了,所有的小事就大了;心大了,所有的大事都小了。看淡世事沧桑,内心安然无恙。

## 真正的快乐

虽然有时候外在的物质也能带来一定的快乐,但那只是短暂和稍纵即逝的表面快乐,不是真正的快乐。真正的快乐是心灵的快乐,是摆脱了情绪和烦恼而自由了的心的笑,是智慧的笑。

常给心灵洗个澡,把杂七杂八的灰尘都去掉,学会简单生活。简单生活无负累。

## 送花先香己

当我们拿着花送给别人的时候,首先闻到花香的是自己。当我们抓起泥巴抛向别人的时候,首先弄脏的也是自己的手。

## 有舍有得

　　大事难事，看担当；逆境顺境，看胸襟；是喜是怒，看涵养；有舍有得，看智慧；是成是败，看坚持。

## 难得糊涂

不妨让自己糊涂些,心宽是福;何不让他人开心些,自有天佑。

## 睁开发现幸福的眼

烦恼痛苦不请自来时，做个阳光的人，乐观从容坚韧。痛苦和烦恼就好像冰雪，用智慧的阳光观照，终将融化。做个发现者，用智慧的眼睛去发现快乐、去找寻幸福。人的一生就好像是单行道，途中没有预设"如果"和"假设"让你调头。与其在痛苦、烦恼中度过每个今天，在懊恼、遗憾中追忆每个昨天，不如睁开发现幸福和快乐的智慧的眼睛。

## 绽一朵宽容的花

人与人在接触交往中免不了会有摩擦和误会。当面对自己不喜欢的人或事的时候,要让自己心不存愤恨恶念,语言不带尖酸刻薄、粗恶诋毁,也不做伤害他人的事,而是要坚守善和美的心念,说清净的语言,做无愧于心的事。栽一棵慈悲的草,绽一朵宽容的花,一朝人生的大原野绿意遍满,云也悠悠,心也安然,洒脱自在天地间。

## 人生路上的荆棘

一个人正在艰难地爬山,到了半山腰时,他急于到达山顶,于是很想加快步伐,但由于体力已经消耗了很多,因此心有余而力不足,一脚踏空,开始向下滑坡。路两旁的荆棘不住地剐他的身体和衣服。情急之下,这个人一把抓住荆棘希望能够停止下滑。但是,荆棘刺破了双手,令他疼痛不已,只得放手。荆棘不但没能阻止下滑反倒刺破弄伤了他的双手。

在困难时,依靠不值得依靠的,是徒劳。在人生中,错误的选择就如同荆棘,当善择。

## 带着感恩前行

一切都是生命中的过客,随缘而来也会随缘而去,什么时候都不要迷失了自己的心,对什么都不能执着沉迷。淡然一点,沉稳一点,安静一点,随意一点。顺境时享受成就,逆境时体验人生,有壮志时做有意义的事,没心情时干有意思的活。人生如梦,只可追忆而回不去,珍惜这份属于自己的独特经历,带着感恩之心前行。

## 微笑着面对

　　微笑,不但可以表达友好,还可以缩短心与心之间的距离。面带微笑,心存善念的人最自在。微笑着生活,微笑着面对,有"相逢一笑泯恩仇"的气度,有不为生活的冷暖纠缠而从容面对的洒脱,有不为情绪的阴晴牵绊的情怀。你的世界一定美好。

## 家庭是真实而切要的道场

家庭是真实而切要的道场,你有办法把与父母的关系搞好,把与伴侣的关系搞好,还要有办法把跟孩子的关系搞好。家庭和谐、幸福、健康、快乐、融洽,一切正面的、美好的能量会逐渐从每个家庭成员生起,这些温暖明亮的能量能够感染和影响周围的人,博大无染的爱能够传达和释放出去。

## 人生看你如何对待

人生,就看你如何对待。以慈悲对待,将得到安稳;以敬畏对待,将得到尊重;以智慧对待,将得到自在;以道德修养身心,以自律谨言慎行,天佑人助福自来。

## 为人处世把握分寸

做人立志应存高远,意志要坚,气度要柔,用心要细。为人处世把握分寸,付出多一点,计较少一点,感恩多一点,抱怨少一点。成全别人就是帮助自己,既是修养,也是修行。

## 拥有健康快乐的心态

　　走过的路我们无法重走,但我们可以把握当下的路,知道忏悔,懂得心怀善念地对待他人,拥有快乐健康的心态。愿我们心中装满善美,未来的每一天不会再孤独、无助、迷惘和再走错路。愿我们将这一切善美永驻心里,并将其带给他人。明天,一切都会越来越好!

## 随缘是进取

随缘不是退缩,不是随波逐流,不是惰怠。随缘是进取。因对"我"的放弃而能心怀平等、心胸豁达,而能包容和接纳;而能凡事对人无损害心,对己无执着、自私心。随缘是看透、看懂、看清真相,能放下和不迷惑,从而摆脱对苦乐境的困缚。

## 把握好现在存正念

想过去是杂念,想未来是妄念,把握好现在就要存正念。做好事不能少我一个,做坏事不能多我一个,做事情善始善终要有我一个。做好自己,去贪就简,享宁静自在,得安乐解脱。

## 擦亮取舍的明目

不要随着自己的感觉去判断和做取舍,应当依照觉悟者的智慧做抉择。不在盲目中一意孤行,不依循错误而重蹈覆辙。擦亮取舍的明目,能惭前戒后,每一次都是一番新生。

## 不后悔,要忏悔

后悔是一种耗费精神的情绪,所以不要后悔。但是我们要学会忏悔。"忏"是知错,"悔"是能改。忏悔是要在我们发现错了之后立即改正,不能等以后再说。忏悔要有惭愧羞耻之心,要真正知道自己错了。忏悔不是"忏"完就完了,忏悔最重要的就是"未来之恶更不敢造",没有这个心不能称为忏悔。

## 不乱于心，不错于行

有时，生活需要你有妥协、忍让、迁就、包容、宽恕的一面。并非所有的事情都要针锋相对。生活本身并非战场，而是道场。生活有它的多姿多彩，也有严峻冷酷，既有阳光明媚，也有倾盆大雨。强硬有强硬的好处，忍让有忍让的优势，任何时候，都需要我们审时度势，适宜而为。不乱于心，不错于行。于人生的道场静心参悟，认清真相，不困于虚幻，不执于身与境，你便能从幻境中醒来。

## 游弋生命之流

不是每一道江河都能流入大海，不是每一粒种子都能成熟发芽，但秋天的硕果一定不属于春天的赏花人，而属于春天的耕耘者。生命中不是永远充满快乐，也不是永远遭受痛苦，在快乐时记得感恩、学会分享，在痛苦中忘记计较、不必抱怨、学会思考。

## 扔斧头

有一个人因为内心忧愁去求助禅师。

禅师拿起一把斧子走到室外,并对那来人说:"现在你把斧子扔向天空,看看会怎么样呢?"

只见扔出去的斧子"咣"的一声掉到地上。禅师问:"你听到天空喊疼的声音了吗?"

"斧子又没有伤到天空,天空怎么会喊疼呢?"那人说。

"斧子为什么伤不到天空呢?"禅师问。

"天空是那么高远,那么辽阔,斧子扔得再高,也触不到天空的皮毛啊!"那人感叹道。

"是啊,天空高远、辽阔,那是天空的心胸大。如果一个人有天空般宽阔的心胸,别人就是再向他放暗箭、捅刀子,也无法伤及他的心灵啊。"

那人低头看了一眼掉在地上暗淡无光的斧子,又抬头望了望高远蔚蓝的天空,幡然醒悟。

## 最美的笑容绽放于痛苦的尽头

生活并不曾带走什么，懂得正确取舍能为自己带来安乐。当断处须断，当舍处应舍。断除错误的认识、恶劣的习气；舍弃迷惘的执着。断舍或许会伴随些许痛、些许煎熬。如果你敢于面对和下定决心，这些都将是你的良药，最美的笑容绽放于痛苦的尽头。

## 轻松地对待自己

人生是条无名的河,是深是浅都要过。轻松地对待自己,微笑着对待生活。别人的缺点不要去宣扬和放大,自己的优点不要天天去欣赏和欢呼。

## 否极泰来

凡事盛时也正是埋藏着凋零种子时,盛际必衰,生际必死,合久必分,积际必尽,高际必堕,无常始终相伴。因此盛际、生际、合际、积际、高际勿执着、勿自喜、勿轻慢,居安思危,随缘珍重,过有意义的时光。万物凋零中亦酝酿着新生,失意时不气馁,否极泰来。

## 无常是世间的本性

在这个世间，任何事物都不能长久永恒，都会经历形成、住持、衰耗、消失这些阶段，一切无常。从外在的一切事物、环境到自己的身体、思想、想法，每一样都是瞬息变化的。这是世间的本性，它无常，一切"变化"都与我们相伴。无常并非坏事。在无常中孕育转机，我们要善观事物的本性，善转恶劣的念头。

## 将人生变成一场修行

修行是修正自己的错误而趋向完美，端正自己的行为而澄净身心。修行是点滴的功夫，如滴水穿石、铁杵成针，非一朝一夕的结果。修行需要耐性，持久恒常，不急不躁，不松不紧，不好高骛远，不半途而废，沿着正确的道路，规范自己的心行。将人生变为一场修行，让自己完美，让生命完满。

## 给面子

在某些情况下,不给面子是最大的无礼。任何时候,给对方一个体面的台阶。看破,但别说破,面子上好过。多数时候,万不要揭人家的老底,因为过去的已经过去了。

## 做智慧的人

不迷信，不盲从，不固执己见，不故步自封，不一味逞强，不一意孤行，不图一己私利，不求一时之快。凡事依智者的智慧思考，以他人的角度衡量，有退一步海阔天空的豁达，有进一步皆大欢喜的胸怀。

## 消除自己的习气

活在当下,修在当下,悟在当下。发现自己的不足,成为智者。克服自己的缺点,成为勇者。战胜自己的弱点,成为强者。以此消除自己的不良习气。

# 放下的快乐

所谓放下,就是去除自心随外境出现的一厢情愿、依喜好生起的各种是非、因自私而算计的种种得失、因执着而难以摆脱的纠结。

我们要抛弃的是一切的执着,淡泊明心,不绝望于人生之苦,也不执着于人生之乐。

## 知足是什么?

不求未来所欲之事,是名少欲。得而不着,是名知足。亲近善友明师,远离恶友与诸不善之事,是名少欲。对弃恶行善、乐善好施无厌无悔,是名知足。对有恩于人不望报答,是名少欲。人生于世,能知足者,虽贫是富;不知足者,虽富是贫。

## 交友之道

　　每个人都有自己的思维方式、处世之道和行为习惯。与人相处时，应当取中道，方能长久且善好。求同存异，不要求全责备。少些在意别人的缺点，多些关注他人的长处。亲疏要有度，远近当适宜。过远则情易疏，过近则情易溃。凡事应诚挚，锦上添花是很好，雪中送炭更难得，于人危难时应多施以援手。交友莫交恶友，要交善友。亲近恶友坏心志，交往善友真明智。

## 珍惜时光

衰老、疾病来拜访时，会带来身心不自在、疼痛、不悦等好多你特别不想要的"礼物"。它们就好像是一颗颗钉子，将你牢牢地钉在床板或轮椅上。此时，你的心情就如同折翅的鸟，即便有鸿鹄之志也再难起飞。现在，趁着这两个终将不请自来的不速之客和它们的"礼物"还未敲你的门，请珍惜时光吧，莫让光阴于日出日落间无意溜走，虚度和荒芜。

## 让心灵回归本真

　　每个人自有每个人的命运,多舛或平坦、安乐或苦难,皆有前缘。盲目艳羡别人光鲜的人生,而生嫉妒、攀比,或徒自懊丧,那是在给自己的心情撒灰尘,让快乐褪色。轻盈的心能飞升高远,探看到生命别样的好风景。掸去心上的灰,解开心灵的捆绑,拥有存高远的心。要知道,一个人最大的收获是日日择善,最大的进步是不随境转,最大的成功是心灵回归本真。

## 做个温暖的人

每一天都是新的,不带上过往的不好——不愉快、痛苦、烦恼、忧愁,携手一切的好——向上、乐观、进取。迎接朝阳,过好每一天。世间是无常的,没有谁知道明天会发生什么。但是,无论境遇怎样,是得意或失意,是坦途或坎坷,是显赫或平凡,富贵或贫穷,都让自己永远做个温暖的人,自己不冷,他人不寒。无论怎样,常常观照自己,内心远离烦恼,清凉自在。每天朝气而光明,驱散阴霾和暗蔽。

## 轻松平和是相处的最好状态

付出和奉献是一种高尚的行为。无私奉献的人是快乐和乐观的,并且内心充满力量。但是,如果以求得回报之心付出,多数时候会得不偿愿,反而会失落、不平甚至愤恨和后悔。

若将"我这么做都是为了你,你知道不知道"之类的责问常挂在嘴边,若是为人父母,往往有着长期压抑的孩子;若为人妻或为人夫,往往有着长期压抑的伴侣。给别人造成内疚的心理,或是被人造成内疚,实际上都在给彼此关系加上沉重的负担,或是有条件的砝码。

轻松平和才是父母和子女之间,或恋人和朋友之间长久关系的最好状态。我和你在一起,因为我快乐,我为你做这些事,因为我愿意、我高兴、我爱你、我想做。你感激我对你的付出,而我,感激你愿意让我付出。

## 人生忽如远行客

人生天地间，忽如远行客。时间是呼啸的列车，你我都是匆匆过客。人生短暂，岁月沧桑，生命就像太空中的一颗流星，瞬间即逝。有的人知道珍惜，懂得感恩，谨慎取舍，刹那间也成永恒。有的人在生命的轨迹线上徘徊迷茫，蜿蜒周转，痛苦一时，享乐一时，跌跌撞撞。

## 自己的路自己走

  有时候因为惰性并夹杂着侥幸，总想吃最少的苦，走最短的路，获得最大的收益。但很多事情，虽然别人可以代替自己做，却无法代替自己感受和领悟，更无法代替自己成长。该自己走的路，要自己去走，谁也无法替代。凡事不要冲动地做决定，不管多么千头万绪；也不要轻易就想着放弃，不管有多少路障与艰辛。你想要到达目的地，必得有了对的决定和勇往直前的努力。坚定地走好脚下的路，到达之日还会远吗？！

## 给心灵松绑

我们常会有这样的经历，就是对于没有得到的东西百般希求。为什么呢？因为对它了解太少，所以觉得它是美好的。一旦深入了解，就会发现，美好原来只是自己的想象。我们对于世间的执着也是如此，经常被表面所欺惑，心里总是期待美好。如佛所说：三界无安，犹如火宅。对于世间之种种法——财、色、名、食、睡，要学会看淡，执着的心要学会放下，给心灵松绑，那便是解脱之道。

## 沟通的艺术

人于世间，与他人的沟通很重要。很多时候，沟通出了问题会导致一系列问题和矛盾，结果令自己痛苦，让他人不悦。造成沟通出现问题的原因有多种：有的是拙于言辞，有的因为表达不恰当，有的则是因为傲慢或自负等的负面心理，固执己见，不肯妥协、让步，或者完全拒绝接受他人意见而使沟通陷入僵局。也有的人态度冷漠、自大、不友善，令人不愿碰触，避而远之。也有的则是姿态太高，对于自己的主张，要他人奉若准则，认为自己的见解高于别人，正确无误。如此种种，造成沟通障碍、交流不畅。

一个人能够从善如流，平等真诚，让人觉得你很好相处，很好说话，别人便愿意和你接触，乐于与你沟通。能够与人为善，有居于下流、海纳百川的气度，还有能站在对方的角度和立场考虑的胸怀，让别人觉得与你沟通于己有利，别人才愿意与你沟通。

## 要学会与各种人相处

世界是万花筒，千奇百怪的事都可能有。人也如同万花筒里的彩色纸屑，形形色色，各不相同。身处社会，置身人群，要学会与各种人相处，理解人、宽容人、包容人，适应环境。有时候，退让未必有损失，退一步海阔天空；安忍未必是怯懦，大智、大勇、大胸怀，方能容人、容事。多看他人长处，多观自己不足。以人之长补己之短，以己之长助人之短。

## 傲慢是对命运最大的挫折

　　人心中要是存有傲慢和偏见,这个也是障碍。自己没钱,还看不起有钱人,这个就是大傲慢。自己没有文化,就看不起读书人,也是大傲慢。遇不到好的人,就说天下没有好人,这个也是大傲慢。这个傲慢,是对命运最大的挫折。

## 知见影响命运

很多人都觉得自己很善良,也没有做坏事,但命运总是不顺。所以他会觉得自己很无辜。许多时候,人的念头,尤其是知见,会影响命运。比如读书,首先要尊重知识,尊重老师,尊重读书人。婚姻也一样,千万不要说,天下男人女人都是不好的,结婚是很苦的。然后相亲了一个又一个,常常看不起对方,这样子以后婚姻就很难顺利。尊重家庭,尊重婚姻,尊重感情,尊重儿女,尊重对方,这样子婚姻就会顺利。

要尊重一切众生,尤其是超过我们的。不要动不动就说"夫妻是冤家,儿女是债主",也不要总是说"金钱是毒蛇,人心是险恶"。要相信这个世界有美好的一面,善良的一面,多去想正面的、良善的这面。

# 家庭和谐幸福的方法

对待家庭成员,无论是子女还是伴侣,要努力地克服自己的偏执,而稍微修一点"菩萨之情"。无论对人还是对物,如果陷于拥有的、占有的乃至是独占的控制之情,这一定会是无尽的痛苦和烦恼。若是具有"菩萨之情",即无我之情、利他之情、奉献之情、不求回报之情,这样一定会是轻松和快乐的。凡夫俗子之情不但是占有、独霸,而且要求回报,并且要十足的回报,甚至要加倍的回报,这样的结果只会使自己和他人都不快乐,都生活在压力或压迫的情绪中。儿女、父母、夫妻都是因缘而聚,从长久时间看,聚散也是无常,苦乐也是无常。因此,要以智慧克服偏执,不能只求利己。珍惜当下缘分。

## 育儿之道

华智大师说过:不赞幼稚之孩童。孩子小的时候,心智不成熟,对是非对错的判断都是茫然无知的。心理的放纵和收敛,完全跟随父母的喜怒而转。所以,对于聪明有才智的孩子,尤其要抑制他的骄慢自负和自大,严加教育,让他懂礼数,有教养,打好贤善人格的基础。

多鼓励孩子,让他建立自信和面对挫折勇敢坚强是没错的,但父母不能过分溺爱子女,让其任性放纵无所束缚。对子女总是夸赞不已,会助长其骄慢放纵,一旦坚固成性,再想收敛改正就很难了。这样长大后,既没有教养又目空一切,变成一个自己空虚、别人讨厌的人,处处碰壁,常常不如意,挫败失意。

# 如何做幸福夫妻

在《佛说善生经》里面，佛陀宣说了夫妻相处之道。丈夫该怎样对待妻子呢？

其一，怜念妻子。要体贴和关怀妻子。夫妻双方应互相尊重、恩爱，以诚、以礼相待，不能起初如胶似漆，而后不共戴天。其二，不轻慢。不应轻慢自己的妻子，尤其不能恶言相向、轻辱诋毁，以平等尊重心相待。其三，为作璎珞严具。为妻子提供种种方便条件，装饰打扮自己的妻子，以示爱意。其四，于家中得自在。充分信任自己的妻子，让她在家有一定的自由权，不多加干涉。其五，念妻亲亲。应当顾念妻子的亲属，对妻子娘家的人要以礼相待。

妻子应如何对待丈夫呢？

对此，太虚大师如是说：须专爱无异念，以诚敬相从，治家作业，更能善念夫之眷属，如此可谓贤妻矣，福德必有增益而无衰损。

夫妻相聚是缘，都该善自珍重。夫妻相处，也是共同成长的过程。

## 生命在呼吸间

在《四十二章经》里，佛陀问弟子：人命在几间？弟子甲说：数日间。弟子乙说：早晚间。弟子丙说：饭食间。弟子丁说：呼吸间。佛陀称赞弟子丁是真正知道生命可贵、无常迅速的人。无常无时无刻与我们相伴，有时它隐身不现形地来捉弄和蒙骗世人，让人不细细观察便不觉得它存在。当你睁开慧眼，仔细观察周遭与自身，一定可以看清楚它的无处不在，不会再被蒙蔽。这样的结果就是，不会再有被突如其来的厄运或惊喜震惊到，而极惊愕或极狂喜。再有就是，你一旦意识到无常的须臾不离，会决定投身有意义的事，不再荒废光阴、浪费生命。

## 健康饮食惜身体

对于饮食的量，佛在《毗奈耶经》中说："腹内四分之二进食，四分之一饮水，四分之一空置。"饮食适中，不宜过饱或过饥。吃得过多、过撑或过少、过饿都不适宜。如果吃得过多，会撑得难受，且容易昏沉、瞌睡；如果吃得过少，或一直处于饥饿状态，则会体力不足，身体虚弱，或心思都在想着饮食，注意力涣散，难以集中精力。

对于是否吃素的问题，如果能够吃素是非常好的习惯。吃全素者也应当适当注意营养搭配，合理膳食，强健体魄。

我们应当好好爱护和珍惜我们的身体。而身体依赖饮食长养，因此我们也要合理饮食，健康身体。但是，如果过分执着身体，将时间和心思都放在如何美化和健美身体上、放在如何享用美食上，就又偏离了正确的方向。

## 人际和谐之法

我们每个人，总免不了要生活在群体当中，与别人接触，与他人协作。在社会群体当中，彼此应多些关照，多些帮助，多些包容和体谅，少些指责、伤害和漠视。心当如大海，不管发生了什么事，不管听到什么话，都让它沉淀到心海当中，包容它，消化它。多说喜悦的语言、鼓励的语言。多看别人的优点，多些赞赏和肯定。这样，自己的心也澄净，别人的心也舒畅愉悦。

## 遇事的心态与做事的态度

无论遇到什么事,你要以无心处之,以无心应付,那便会无心而有心,你就不会有烦恼。事情来了,也不要紧,随缘处理;事情去了,更不要紧,完结便放下。就是事来则应,事去则静,无心善用,没有执着心,没有妄想心。遇事的心态要以无心而对,而做事的态度则要以有心而为。凡事认真地做,投入地做,不马马虎虎,也不敷衍了事,不苛求尽善尽美,但求做过了不生后悔。这样,生活中你肯定能够做得很好。

## 人在性情未定时需有良好的教育

　　人的性情在青少年时期尚未确定,这时通过教育对于他日后的成长有很大作用。成人之后,性格脾气已趋稳定,要想改正不良习气,就很难了。所以在性情未定的青少年时期,需要有良好的教育。全知麦彭仁波切这样说过:五岁以前的幼小孩童要用慈爱的态度养育;在五岁到十六岁之间的孩子,要像怨敌一样折伏他们的恶习和不正确的品行,严加管教,让他们进入善规正途当中;孩子过了十六岁就已经成人,爱护这些子女则应像对亲友一样亲切友好。

## 微笑是一种静默的力量

　　善良美好的心态能让世界光亮、温暖，真诚灿烂的笑容能让世界芳香、柔和。微笑是一种静默的力量，在顺境中，微笑是嘉奖；在逆境中，微笑是坚持；在疾病中，微笑是良药；在矛盾中，微笑是化解剂。学会微笑，让微笑成为善、美之心的信使，给每个与你谋面的人捎去真诚、热情和友善，带去阳光的味道，大海的胸襟。一个人微笑的那一刻，最漂亮、最可爱。

## 如何让幸福登门

任何一件事情或者一种结果都是由因而生的。就好像播种，有了种子，把它播种在田地里，在阳光、水分等具足的情况下，可以长成庄稼；如果没有种子，就长不成。如果种子被火烧焦了，也不会长出庄稼；如果种子也有，水、土、阳光等也有，但是生了虫子，吃尽芽苗，也不会长成庄稼。

我们要学会观察自己的起心动念，当你产生善念，就要培养、壮大它；当你产生不善的、恶的念头的时候，比如对财物或是对人的贪欲心、愤恨心、嫉妒心、傲慢心等，就要想办法控制和破坏它，不让它继续滋长。善于控制自己的行为，一定会常常收获快乐、幸福和安乐。

## 炫耀什么就容易失去什么

到处宣扬和炫耀自己，比如财富、容貌、健康等，并不好。这样做，一方面，增长自己的傲慢与执着；另一方面，可能会引起别人嫉妒而带来很多的障碍。所谓炫耀什么就容易失去什么。

不轻易说别人的过失，尤其是贬低别人抬高自己就更不好了。因为大家都是凡夫俗子，别人即便有很多缺点和不足，我们自己因为智慧不圆满、烦恼充满而会有偏见和主观臆断，对人家的缺点和不足的所见、所说未必就接近于真相。而且常常观察和宣讲别人的过失，会养成加深自己不好的习气，忽略和不见自己的过错和不足。正如俗语所说："经常看到别人脸上的虱子而看不到自己脸上的牦牛。"

## 知足的心是福乐安稳之处

烦恼来自自心，苦乐是心的感受。如果想要摆脱诸般苦恼，应当常怀知足，常感念恩德。感恩便是知足，知足而能常乐。知足的心便是福乐安稳之处。知足的人即使睡卧于地，也觉得安乐；不知足者就算居于天堂，亦不会称心如意。知足者就算贫穷，却总是富有；不知足的人即便富有，还是穷人。不知足的人常会被各种欲望所牵绊和挂碍，因而常感苦恼。

## 无常是生命的动力

很多人特别避讳提到和听到"死亡"或"生命无常"这样的字眼和话题。他们觉得不吉利。其实，无常是一个客观规律，提与不提，它都像影子一样在世间存在，不会因你逃避它而产生吉利，也不会因你面对它就产生不吉利。

如果正视无常，面对和接受它，虽然不能改变它，但是可以积极行动以应对无常，因而令人生不虚度，更积极主动，做更有意义的事，这就是吉利。反之，一味逃避，不愿面对，自我蒙蔽，当无常显现的时候措手不及，就会痛苦不已，这才是不吉利的。

## 金子好还是烂泥好

智者问:"你觉得一粒金子好,还是一堆烂泥好呢?"求道者答:"当然是金子啊!"智者笑曰:"假如你是一颗种子呢?"

其实,我们特别需要换位,或者改变角度思考和看待问题。单一的角度让我们狭隘而目光短浅。换个心境,或许你会得到解脱。换一种心态,或许你的生活会有全新的改变。换一个角度思考,或许你会对事物的认识全然不同。换一种考量标准,或许会颠覆你的选择。换位思考会让你的视角大不相同;改变了观察的角度,你智慧的眼睛看到的才更接近于真相。

# 不忧恼的方法

面对忧恼不快的麻烦事,生烦恼还是保持乐观豁达在于转念间。无论多么糟糕的事,发生了,先要好好观察,如果还有扭转的余地,就没有什么可不高兴的;如果已经无法改变,忧恼又有什么用呢?如果事情还可以改变,我们首先就不要不高兴而应当欢喜,因为它还可能改变,那就想方设法去扭转它,尽力采取补救的措施,想办法改变局面,因为事情还没有到不可扭转的境地。如果已经到了完全没有办法改变的程度,也没必要忧恼,更没必要抱怨、愤恨,因为这些对改变结果,根本无济于事。

无论怎样,面对当下,要让自己做个乐观豁达的人,常习安忍、勇于改变、敢于接受、坦然面对,也要舍恶求善。

## 做个自在人

能够放下的人,是有智慧的人,是自在的人,是解脱的人。放得下的人,首先应放下自己;其次应放下周遭所有的一切。

所谓"放下",并不是没有自己,而是指没有对抗心,没有舍不得之心,没有偏执之心。人人都是双手空空地降临人间,当离开人间时又能带走什么?一根草棍都带不走!一想到这些,你又有什么东西"放不下"呢?

一个人,随时随处对任何事物无丝毫牵挂或舍不得,若能如此,才谈得上是自在,是解脱。比如,有人蓄意诽谤,让你名誉破损。这本是极难忍受的事,如果你能在名誉被破损时,还能保持心境坦然,毫无挂碍,那么,名誉的损失对你而言,不会构成任何的威胁和压力。

# 观察自己的心

你有没有常常观察自己的心？当面对不同外境的时候，它是一颗混沌烦躁的心、猜忌傲慢的心、怨怼愤怒的心、仇恨甚至残忍的心，还是慈悲的、清明的、智慧的、清凉的心？负能量的心一定淤塞痛苦，烧灼生命；正能量的心蕴藏无限力量，处处阳光。

## 只做自己该做的事

如果认为快乐和痛苦是来自外境，然后不断地投注心力于改造外境，试图避免或消除痛苦，得到快乐，这往往是徒劳和无法如愿以偿的。事实上，快乐或痛苦根本不取决于外境，而是源自内心：正面的、向善的、放下的心态酝酿快乐；负面的、染污的、混沌执着的心态制造痛苦。因此，一个人时刻观察自己的心最为重要，应该尽量克制烦恼和贪欲，避免一切恶劣的行为。凡事应该只做该做的事情，而不做想做的事情。

## 理解就是给人方便

人都渴望他人的认可。理解，就是给人方便。理解一般人不能理解的事。换位思考，替别人着想。

## 看清事物的本质

佛在《大庄论经》中讲了这样一个故事：有一个富家媳妇，因为常常被婆婆责骂，便赌气走进林中，想自杀了结生命。由于自杀没有成功，她便爬到树上，想暂时安歇一个晚上。树下有一个池塘，她的身影倒映在水中。

这时走来一个婢女，挑着水桶准备取水，看见水中的倒影，以为就是自己，便自言自语地说道："我长得这样美丽端庄，为什么要替别人挑水呢？"她立即打破水桶，回到主人家中。

她对大家说："我长得这样端庄美丽，为什么还让我干挑水这种粗活？"

大家议论道："这个婢女大概是被鬼魅迷住了，所以才会说此蠢话，干此蠢事。"也不理睬她，仍叫她去取水。婢女再次来到池塘边，又看到了富家媳妇的倒影，便再次打破水桶。

富家媳妇在树上目睹这发生的一切，忍不住笑了。婢女见水中之影笑了，便有所觉悟，抬头一看，见一个妇女坐在树上微笑,她容貌端庄,服饰华丽,非己可比,觉得很羞惭。

于是释迦牟尼佛说了一句禅语:"末香以涂身,并熏衣璎珞。倒惑心亦尔,谓从己身出。如彼丑陋婢,见影谓己有。"

释迦牟尼所说之禅语是从婢女误认富家媳妇之倒影为自己的角度来阐述的,他把这种现象称作"倒惑"。倒惑所看到的假象,实质上是一种心理活动,或者说是一种潜意识。婢女为什么会"见影谓己有"呢?因为在她的潜意识中,就是希望自己长得漂亮,摆脱粗重的劳动。她上当了,她是上了水中倒影的当吗?不是。她是上了自己眼睛的当吗?不是。她是上了自己求美之心、怕苦之心的当。

世人很容易受骗上当,皆因心有"倒惑",因而会被假象所迷住,看不清事物的本质。

## 把别人的自尊放在第一位

把别人的自尊放在第一位。努力使人感到他的尊严,给弱者的尊重更可贵;地位越高越不能轻视别人,要把别人放在心上。

## 肯认错是一种大修行

认识自己，调服烦恼，降伏心魔，改变自己，才能改变别人。学会收敛心与眼，不往外去看别人的过错，常常向内观，省察自己。肯认错，是美好的，是一种大修行。凡事都说是别人的错，认为自己才是对的，不肯认错，本身就是一个错。心中装满的都是自己的看法与想法，就永远听不到别人的声音，也发觉不到自己的不足与过错。

## 木匠退休的礼物

有个老木匠即将退休,老板舍不得他,要他建一座房子再走。老木匠虽答应,但心已不在工作上,用的是差料,出的是粗活。房子建好后,老板说,这就是他退休的礼物。老木匠没想到退休前建的最后一座房子竟是自己的房子,他因此既羞愧又后悔。

很多时候,很多事情,我们做的时候看似在为别人而做,可实际上可能最终受益或受害的正是自己。因此,凡事越是为自己着想,带来的越是痛苦、不安和混沌,越是为他人奉献,带来的越是安乐、吉祥与清明。

## 做最好的自己

处于世俗烦恼,要常能安忍,更要善于转烦恼为慧见。处于世事纷扰,要能安守清闲,更要善于处旋涡中仍持清净心。心中牵挂处,要能抛舍得开,更要善于平等无分别地对待人、事、物。处于得意境地,要能淡然处之;处于失意愤怒时,要能稳定情绪。做事尽最大努力,做最坏打算,抱以平常心,住以最好心态,不急躁不骄慢。

## 打碎一个养鸡场

一位农妇不小心打碎了一只鸡蛋，这本来是一件生活中的小事，可她想的是：这是一只鸡蛋呀，它可以孵化成一只小鸡，小鸡长大后是一只母鸡，母鸡又可以下很多蛋，蛋又可以变好多鸡。越想越痛苦，天啊，我打碎的哪是鸡蛋，分明是一个养鸡场啊……

反思一下生活中我们的烦恼，是不是都与农妇所想有相似之处呢？静静地看着钟摆，一摆一摆，那么，在我们的生活中烦来烦去、聊来聊去、争来争去、吵来吵去的，不都是在使用着我们有限的生命吗？！

背负的人生行李会压得你无法前行，要学会选择、取舍和放弃。放弃需要勇气，更需要智慧。

## 珍惜有限的缘分

时间是极不经用的，人生是极短暂的，几十年、上百年也只不过是转眼之间。父母、儿女、兄弟姐妹、亲朋、同事，每个人一生会与很多人有各样交集，或长或短，或好或坏，无论何种情形，都只不过是互相陪伴一程而已，在一起就是一种缘分，能够相互珍惜、维护、善待、宽容、理解、体谅，则生命的每一天都会变得有温度和光亮。

## 放下你的「花瓶」

一次,有一个婆罗门带了两个花瓶去见佛陀。佛陀一见面就叫他"放下",婆罗门依言放下手中的一只花瓶。

佛陀又叫他"放下",他又放下了另一只花瓶。

佛陀又说:"放下!"婆罗门不解道:"我都已经放下了,你还要我放下什么呢?"

佛陀说:"我叫你放下,不是叫你放下花瓶,我是要你将傲慢、嫉妒、怨恨等不善的念头与不好的情绪都放下。"

一个人,如果好名,就会被名枷所绑;好利,就会被利锁所缚;陷在狭隘自私的感情里,就会被爱所执;对金钱放不下,会成了金钱的奴隶;对物质放不下,会做了物质的囚徒。枷锁能束缚人,是因为自己不肯放下。要学会放下身段,能大能小、能屈能伸、能有能无、能高能低。该担当时要拿起,当放下时能舍弃。不挂念未来,不排斥当下。

# 处理好与人、物的关系

为人处世,要处理好两个基本关系:一个是与物的关系,一个是与人的关系。

处理好与物的关系,就是要放平心态,善待、善用财富,善于控制无限的贪欲。财富多者,不生傲骄奢靡;寡者,不生嫉妒仇恨。不要因财富失了平和,增了烦恼,乱了情绪,迷了方向。

处理好与人的关系,要"看人长处、帮人难处、记人好处"。看人长处,既能与人很好地相处,又能取长补短进步自己;帮人难处,赠人玫瑰,手有余香。人立于世,谁都会遇到难处,将心比心,多出援手。能帮别人,也能被人帮;记人好处,知恩图报,自心安,人敬重。感恩情怀犹如一缕阳光,能照亮和温暖生活。

## 带上灵魂一起走

有一个樵夫,他数十年如一日上山砍柴,然后就赶紧挑到集市去卖。这一天他觉得很疲惫,走到半路就在一棵大树下休息了。过了没多久,同伴刚好路过,看到他在那里休息,就对他说:"朋友,赶紧上路了,要不然你赶不上卖柴了。"他回答说:"我先等一会儿,歇一会儿,等到我的灵魂跟上来了,我再接着走。"

对于循着惯性忙碌的人来说,停下来,静一静,想一想,充实智慧,观照自心,是能够朝着正确的方向走得更快、更远的最好途径。身心调柔寂静,生命的格局会完全不一样。

如果生活与工作的节奏太快,慢点儿,别走得太快,等一等灵魂。驱散心绪的阴霾,做自己生命的船长,为人生把握方向,驶向自由的彼岸。

## 适履调心

我们无法纠正世界上的每一个人，使别人都合自己的心，使天下事都如自己的意。我们也不能填平全世界的沟壑、移去全世界的石头和荆棘，使前进的路径平坦笔直，让要去的方向畅通无阻。我们想要走得更远，走得坦荡、自在，就得穿一双适应坑洼、耐得了石头和荆棘的鞋子。如果希望内心平和安详，就要学会以宽容的心去接受一切，以包容的心去适应一切，以安忍的心去消融一切。

## 钉钉子与取钉子

有一个年轻人极其优秀,可是他有一个致命的缺点——经常对别人出言不逊。父母、朋友劝他,他总是说:"这有什么大不了的,不就是几句话嘛,有什么值得大惊小怪的?"然后依然我行我素。

一次年轻人对一位智者说了一句很不尊敬的话,别人批评这个年轻人,年轻人振振有词地说道:"不就是几句话嘛,我向他道歉不就可以了吗?"智者听了微笑着对年轻人说:"我可以原谅你。现在我要请你帮我做一件事。"

智者从口袋里取出了几颗钉子对年轻人说:"请帮我把这几颗钉子钉在树上。"年轻人接过钉子,按智者所说,钉在了树上。

然后,智者又说道:"请你再把钉子取下来。"年轻人没有说什么,又开始取钉子。费了好些气力和工夫,用各种工具,折腾了半天,才把钉子取下来。

智者来到年轻人身边,用手指着钉子留下的痕迹说:"钉子拔出来了,可树干上留下的深深伤痕却还在,是吗？年轻人，你知道吗，语言对别人的伤害，就像钉子一样，尽管你能取出来，可是你留给别人的伤害会像钉子留在树上的疤痕一样，永远消除不了，也很难弥补。"

年轻人听了，猛然醒悟。

## 交友恬淡致远

与朋友的交往宜淡如水。平平淡淡方显真。如果因利益而交,当利益发生冲突时,就会产生矛盾,双方就会反目,会交恶。道义之交,恬淡久远。保持内心清净、宁静、存善,对自己的过错和不良习惯能悔忏克制,对友不苛责、不强求、不嫉妒,常怀包容、理解。细水长流,相融致远。

# 七戒

戒躁：别轻易发脾气，别轻易下结论，别轻易盲目行。

戒卑：别认为处处不及他人，别常常想自己一无是处。

戒傲：别总是自鸣得意，别太看低别人，别太看高自己。

戒妒：别嫉妒别人，别心怀恶意希望看到他人不如意、栽跟头。

戒愁：不要生活在忧虑中，不要总是把快乐赶走。

戒悲：别让不幸的事常浮现，别总自哀自怜，别把自己封闭在悲哀中走不出来。

戒疑：别总猜忌别人，别总怀疑自己，别总心神不宁。

## 人之于恶习

人之于恶习,往往不自知,或不自觉,甚或随之任之,直到恶事临头方悔之晚矣。假如凡事能慎于始,谨言慎行,就不会事后懊悔了。多做对他人有利的好事,多说对他人有益的善言,多发对他人有益的善心,断除对他人的伤害和攻击,必得心安,必无懊悔,必定快乐。

## 放得下是为了能提起

所谓"肩承担",是担起责任,我们不能将自己应尽的责任和义务放弃。要放下的是"自我中心",但是责任和义务一定要"提起"。能够放得下,是为了要提得起。放下自我,而奉献出自己;放下私利,而成就社会大众。提起之后必须放下,才会舒卷自如,能大能小,自由自在。

## 解脱自己的心

人生不过短短几十年,该如何很好地度过呢?有些人,遇到一些事,就把自己的心锁在"牢笼"之中,整天愁眉紧锁,甚至感觉自己苦大仇深,甚至生不如死……其实,你可以将人生的一切人事物,看作提醒自己成为更有智慧、更有爱心、更宽广、更有力量的人……放下执着,解脱自己的心,学会安忍和谅解、接纳和吸收。

## 原谅别人就是放过自己

谅解看起来是原谅别人,其实是放过自己。对于别人有意或者无心的伤害,如果一直放在心头,念念不忘,使得自己美好的很快忘记、痛苦的常常想起,陷在痛苦的泥淖里无法抽离。结果可能是让别人的一次过失惩罚了自己一辈子。真正伤害自己的,往往不是事情本身,而是你对事情的看法。与其怀恨在心,终苦一生,不如立即放下。看开、看淡,拿得起,放得下,才会发现人生原来可以如此美好。

## 你有放不下的木碗吗？

　　大成就者蒋扬钦哲旺波仁波切在德格的时候，华智仁波切正以乞讨的方式四处云游。他有一个木碗，伴随他同甘共苦，浪迹天涯，走遍了多康的山山水水。因此，华智仁波切十分喜爱它。

　　当他去拜见蒋扬钦哲旺波仁波切时，见到上师的周围眷属云集，房间富丽堂皇，宛如宫殿，里面装满了各种金银财宝，心里想：原来上师也很喜欢财物，这满屋的珍宝一定让他很执着吧！

　　蒋扬钦哲旺波仁波切已看出了他的心思，便一语中的地高声喝道："华智，你不要想得太多！我对这室内室外财宝的执着，远远不如你对手里的木碗的执着！"

　　一句话使华智仁波切豁然开朗，他恍然大悟：修行的人并不一定要过苦行僧般的生活，最重要的是要放下执着。

## 幸福的方法

幸福是心灵的主观感受，因为是主观的，它与外物因素关系不大。对于外物，有时候得到了感觉幸福，有时知足方能感觉幸福，有时分享会感觉幸福，有时占有便觉得幸福，有时平和、平淡中能觉察到幸福，有时计较争胜时觉得幸福……真正持久的幸福是校正好心态，有了正确的认识后，才能获得。心境如果不平和，心态始终是被动的，幸福就不会落地生根。放下沉迷，让心于轻松中寂静，于寂静中见真，方得幸福。

## 恰恰就好

乐不可极,乐极生悲;欲不可纵,纵欲成灾。很多时候,一直走会是死路,一直求,会遇深渊,人生知止而乐。物忌全胜,事忌全美,人忌全盛。学会知足,学会不争,学会放下。退一步天高地阔,让三分心平气和。欲进步须思退步,若着手先虑放手。放开紧握的手掌,得到的是全部天空。人生但求心安,不求圆满。对人不可太苛求,对己不要太放纵,处事不可太分明。学会宽容,生活才能充满阳光。学会克制,慎言、慎行、净心。学会包容,胸怀装得下贤愚美丑。

## 以德报怨就是放下

能容忍别人的固执己见、自以为是、傲慢无礼、狂妄无知、假大虚荣,要靠极大的心量。受不了恶意诽谤、不逊攻击,纠结于此,只能对自己造成致命的伤害。以德报怨说难很难,说易也易,只要肯放下。放下,就是放过了自己。

## 快乐的四个诀窍

一个少年问一位智者:"我怎样才能变成一个自己快乐也能带给别人快乐的人?"

智者送少年四句话:把自己当别人,把别人当自己,把别人当别人,把自己当自己。

把自己当成别人。受到挫折、屈辱、诋毁、讥讽、苦难时,把自己当成别人,便能置身事外,不快之心情自然减轻;获得称颂、赞誉、功成名就,春风得意时,把自己当成别人,便不至于得意忘形,忘乎所以。

把别人当成自己。与人交往,遇事设身处地为别人着想。换位思考,能让自己不固执、不片面、不自我,对别人多一点同情心,多给一点帮助,路就宽广了。

把别人当成别人。不要狂妄自大和自以为是,学会尊重别人,善良待人。任何时候都不怠慢、不强求、不强加自己的意志于人,平等、平和、随缘。

把自己当成自己。该承担的责任、该尽的义务,自己努力做好,有担当、有勇气、有气度。

## 保持清净的心

一个虔诚的佛教信徒每天都从自家的花园里采撷鲜花送到寺院去供佛。

信徒问法师:"我该如何在烦嚣的尘世中保持一颗清静纯洁的心呢?"

法师反问道:"你是如何让花瓶中的花朵保持新鲜呢?"

信徒答道:"我每天给花枝换水,还会把花梗剪去一截,让它更容易吸收到水分,这样花朵就不易凋谢。"

法师道:"保持一颗清静纯洁的心,其道理也是一样的。生活环境就像瓶里的水,我们就是花,唯有不断地修正我们的心行,去掉陋习、缺点,常反省,才能吸取新鲜健康的养分。"

## 静听心的声音

人的一生，总会有时巅峰，有时低谷，有时得到，有时失去。放得下荣辱，看得开名利，想得通得失，那么，无论失意还是得意，都会从容，都能淡定，都很平和，都可自在洒脱。无论得到或是失去，都会泰然，都能心安，都可静寂，不为所动。得到时不暗喜，失去时不追悔。来则不迎，去则不送。失意时能坦然，于强己者不卑不亢；得意时能淡然，于弱己者平等相待。如此，上下自如，内心通泰，安之若素。对于强者，挫折是财富，能清醒自心，激励自己奋进；失去是得到，就不会再去纠结于世俗凡尘间的感心迷眼，生命方能踏上真正快乐的归途。

## 未经观察切莫说

与人交谈或在公众场合讲话,都要慎言慎行,切莫信口开河胡乱说。说话前应先问问自己的出发点:是不是夹杂贪心、炫耀、嫉妒、攀比等烦恼,带着各种情绪准备出言。话出口前,也一定要考虑别人的感受,多想想:如果这样说会不会让别人产生误解,会不会让别人伤心,会不会给别人带来烦恼。佛说:"详察细审而言说,未经观察切莫说。"

## 时时好时，日日好日

　　如果用乐观旷达、积极向上、友善的心态去面对所遇事、周遭人，那么坏境况也会成为好机缘。人生的际遇中，会遇到纷繁事、种种人，能够始终持住于善和美的心态，存好心，说好话，做好事，就会时时好时，日日好日。

## 好机会与坏机会

每个人,每天甚或每时,都有各种的选择需要做出和面对。当困境或者不乐意的选择摆在自己面前的时候,选择逃避,往往未必躲得过。若是勇于面对,结果也未必如想象的那么糟。无论遇到的是什么样的际遇,都会有两个机会,一个是好机会,一个是坏机会。好机会中藏匿着坏机会,而坏机会中又隐含着好机会,这取决于你以什么样的眼光、什么样的心态、什么样的视角去对待。以平等、无私、乐于给予的心态去行事,以自清自明的眼光去看待,这样总归都是好的和对的,不管眼下看似是吃亏、失去,抑或是不情愿。

## 掌控一切的关键是内在

很多人会这样认为：只要自己能掌控生活中的大小事情，就可以高枕无忧了，一切事情就都停当了。但事实上，哪怕你已经自如地控制了外在的人、事、物，只要自己内在的动荡和战争不消弭，就无法获得永远的平安、喜悦和自在。掌控一切的关键是内在。能够超越自我，突破自私的观念，突破个人的爱憎之心、好恶取舍，突破个人的利害关系，你的世界就是和谐的，慢慢你就会感觉到你的生存环境越来越美好，内心越来越安稳寂静。没有了人我是非，没有了不平，淡泊了名利，你的世界就是太平盛世。

## 贪婪是毒杀快乐的毒药

贪婪是毒杀快乐的毒药。人的欲望永远没有止境。拥有稳定的生活还要去追求安逸,拥有安逸的生活还要去追求奢侈的物质享受。欲望不尽,你就让快乐无处安放。甘于放下,真心付出,感念恩德,知足者常乐,这些才会让你的心松弛,让它有空间存放珍惜,有时间审视和打量自己,去发现被障蔽下的真心。放下了执着和占有欲,你就是最自在、强大和富有的人。

## 欢喜每一天

与其终日闷闷不乐、愁眉不展地度过每一天,不如善待自己,放平心态,与己为善,与人为善地过活。内自喜悦,令人喜悦。凡事看淡,如梦如幻。善自观心,悟察醒觉。做事尽本分,为人要良善,如莲花不着水,如日月不住空。

## 心里装什么，生活现什么

　　心里装着美好，世界就美好。心里装着丑陋，世界就丑陋。心里装着善良，装着宽容，装着真诚，装着感恩，生命就充满阳光。心里装着他人，心的空间就会变大，处处能容。心里只装着自己，心的空间就会变小，除了自己再容不下其他。心里装着天地，人世间的是非、争斗、荣辱、功利，一切都会成为云淡风轻的风景，遮不住你智慧的眼。如果心里装着贪心、愤恨、愚痴、嫉妒，就如同种下有毒的种子，生出来的根、长出来的叶、开出来的花，都是毒药，毒害自己，也毒伤他人。把善和美装进心里吧，世界因此心而改变，而美丽，而澄净。

## 荒野中的老虎与公园里的老虎

两只老虎,一只饮食无忧地住在公园的笼子里,一只自由自在地生活在荒野中。两只老虎都认为自己所处的环境不好,遂互相羡慕起来。后来,它们决定彼此交换。开始时,两只老虎都十分快乐。不久后却都死了:一只饥饿而死,一只忧郁而死。

就像这两只老虎,有时候,我们对自己所拥有的幸福熟视无睹或者不以为然,当觉出它的珍贵时,却已失去。当你向外希求、期盼和羡慕时,珍贵的缘分也许正在悄悄流逝。因此,我们应珍重当下的每一个缘分,珍惜拥有的一切。

## 在生活中感悟生命的味道

　　生活就是一场修行,在磨砺中学会坚强,因离别而珍惜相聚的缘分。于失去时,懂得拥有的不易;在失意中,学会从容和持平常心;在缺憾中,寻求超越的完美。遍尝诸苦,而能觉悟离苦之安乐。

## 放下负累

承载太多反成负累，需要放下。

放下控制欲。要愿意放弃对周遭的人、环境和事物的控制欲。无论他们是你爱的人、爱你的人还是你的工作伙伴，抑或是陌生人，持有一颗平等、随缘的心，请允许他们遵循自己的状态。随缘便自在，自己不生压力，他人不起烦恼。

放下责备。不去责备他人。不要凭着自己的感受去责怪别人的对与错，指责别人的好与坏。世间事，本无好坏对错，自己的标准未必就对。与其责备他人，不如自我反省。

放下自怨自艾心。消极解决不了问题，反而加剧糟糕。人有高矮，能力有大小，事物有变换，凡事尽力，凡事往好的方面想和去努力，不要有畏惧心和懦弱心，因上努力，果上随缘。

放下抱怨的心态。停止对人、环境、事物的抱怨。除非你愿意，没有人能使你不快乐，没有什么环境能让你沮丧可怜，没有什么事物能击垮你。持有正面、乐观、平常心，你就能让自己强大。

放下虚荣心。不迎合与取悦，不炫耀攀比，真实、平淡、平静。

放下惰性。想成就世间事业,懒惰是最大的障碍。

放下随意判断的心。随便相信那些你一点也不了解的事就是迷信,轻易拒绝它们是愚痴。不盲从,也不武断,不迷信,也不无信。凡事以智慧判断,而不随性判断。

放下执着。无论辉煌或衰败,高兴或沮丧,成功或失败,休言万事转头空,未转头时皆幻梦。

## 无常的积极意义

无常本身无所谓好或坏，好、坏取决于我们看待的角度。不要仅从消极方面去理解无常，实际上无常具有非常积极的意义。无常是运动，因无常而使得一切除陈纳新，否则旧的事物永远存在，新生事物就无法出现。这就是净化心灵、改变命运的过程。

## 说食不饱

　　一个人若只在书本理论下功夫而不去实践,是绝对无法突破现状,洒脱自在的。譬如,苍蝇在纸窗前一直飞钻,再怎么飞钻,也无法飞过那层薄薄的纸。从事世间的技艺、事业大多如此。说食不饱,需亲力、亲为、亲证。

## 常问自己

年复一年,看破了多少?日复一日,放下了多少?千方百计,得到了多少?精打细算,失去了多少?求而不得,烦恼了多少?斤斤计较,结怨了多少?临命终时,能带走多少?刹那须臾,观心多少?见人快乐,随喜多少?遇人困厄,悲心多少?举手投足,利他多少?泯灭恶念,践行多少?

## 做情绪的主人

一天,一位智者经过一个村庄,一些人对他口出秽言。智者静静地听了一会儿,然后说:"谢谢你们,我今天还要赶去下一个村庄。"其中一人对智者平静的反应觉得不可思议,说:"难道你没有听见我们瞧不起你吗?"智者寂静而温和地回答:"我不会被别人的嘴巴所控制,也不会对别人的情绪作出反应。因为我是情绪的主人,而不是情绪的奴隶。"

## 深谙无常，方能放下

无论是对过去、现在，还是对未来，心中感觉或预估有"一定"，这种感觉和思维就是错误的。无常是世间的规律。一切都在不停息地变化中，没有长时固定性。物质如此，心绪如此，因缘际遇如此，林林总总，一切如此。如果不以无常的理念看待和对待世间的一切，就会引发很多苦恼。我们常说，不要执着，放下，而只有真正抱着无常的理念看待一切，才有可能松动"执着"和容易"放下"，心境才能平和、淡然，对待自己、对待他人、处理事情才能从容，没有压迫感。

## 真正的快乐是无求的

无论是荣华富贵，还是困顿贫贱，都是假象。如果你将一切都看成真，沉迷不放，就没办法获得真正的快乐。真正的快乐是无求的。人到无求处便无忧。照顾好自心，放下，解脱，自在。在荣辱得失面前，保持平和的心态；在寻求帮助者面前，具诚挚助援的心。

## 小马问酥

以前有个国家,人们习惯用生酥油将麦煎熟了喂猪。当时宫中的小马闻到香酥的味道,就跟母马抱怨说:"我们为国王卖命,驰骋四野,不问远近,为什么待遇却不如一只猪仔,每天吃的都是这些无滋无味的草?"母马回答说:"你千万不要有这种想法,这样的待遇是祸不是福,不久之后你就能看到。"年关将近,那些被养得肥肥的猪仔遭殃了,家家户户杀猪过年。猪群哀嚎的声音远近皆闻。这时母马再问小马:"你还想吃酥煎麦吗?"小马心惊,之后纵使遇上好麦粮,也让而不食。

财、色、名、食……世间处处各样诱惑,福兮祸兮?如果智慧和定力不够,不能自持,随顺贪欲,追之逐之,是灾祸啊!佛说:生死疲劳,从贪欲起;少欲无为,身心自在。

## 生活的秘诀

　　生活的秘诀说高深也很高深，因为很多时候，我们追求了它很久，还没寻到它的踪影。说简单却也很简单，其实它无处不在，只是我们没有发现而已。因为受外界的种种诱惑和干扰，心不能静下来，便不能发现生活的秘诀。当你静下心来欣赏生活，在生活中超越自我，秘诀就会不请自来。一旦如此，精神生活会很充实，物质生活就会很满足，感情生活就会很真实。

## 挑碗

一个年轻人到商店买碗。他顺手拿起一只碗,然后依次与其他碗轻轻碰击,碗与碗之间相碰时立即发出沉闷、浑浊的声响。他几乎挑遍了店里所有的碗,竟然没有一只令他满意的,就连老板捧出的自认为是店中精品的那一只碗,也被他摇着头失望地放回去了。

老板很是纳闷,问他老是拿手中的这只碗去碰其他的碗是什么意思。

他得意地告诉老板,这是一位长者告诉他的挑碗的诀窍,当一只碗与另一只碗轻轻碰撞时,发出清脆、悦耳声响的,一定是只好碗。

老板闻后拿起一只碗递给他,笑着说:"小伙子,你拿这只碗去试试,保管你能挑到自己心仪的碗。"

年轻人半信半疑地依言行事。奇怪!他手里拿着的每一只碗都在轻轻地碰撞下发出清脆的声响,他不明白这是怎么回事,便向老板请教。

老板笑着说:"道理很简单,你刚才拿来试碗的那只碗本身就是一个次品,你用它试碗,那声音必然浑浊,你想得到一只好碗,首先要保证自己拿的也是只好碗。"

就像一只碗与另一只碗的碰撞一样,心与心的碰撞需要付出真诚才能发出清脆悦耳的响声。自己带着猜忌、怀疑、戒备甚至伤害之心与人相处，就难免受到别人的猜忌、怀疑、防备与伤害。

　　每个人的生命里都有一只碗，碗里盛着善良、信任、宽容、真诚、慈悲，也盛着虚伪、狭隘、猜忌、自私。剔除"碗"里的杂质，做最好的自己，才能碰见最好的别人。

## 发现心本来的样子

　　未经训练、修行的心,妄想、杂念这些本来就很多,可以说在你的脑海里川流不息,只是状态散乱,你根本没有发觉和发现而已。可是当你静下来的时候,不受外境影响的时候,留意自心了,专注于它了,心本来的样子就被发觉了。

## 与人为善

与人为善。你付出了真诚就会得到相应的信任,你献出爱心就会得到尊重。反之,你对别人虚伪、猜忌甚至嫉恨,别人给你的也只能是一堵厚厚的墙和一颗冷漠的心。你心里满是抱怨、仇恨,别人可能就会在你的路上种满荆棘并且一路向你放出带毒的箭。

## 当遭遇不幸怎么办？

　　当你遭遇不幸或灾厄的时候，不要伤心，也无须抱怨，把它当成一场修行。首先要懂得忏悔。智者时常检讨自己的言行，忏悔改过。其次要感恩。痛苦的根源是私欲、占有、控制。一切不幸都是老师，让自心从安逸懒散之中醒悟，懂得停下来思考。再有，要勇于担当。从此，征服自己、战胜自己，不再自私、贪欲和占有。宁静来自内心，勿向外寻求。没有贪爱和憎恨的人，就没有束缚。

　　一个人能征服世界并不伟大。一个人能征服自心的烦恼习气，战胜自己，才是最伟大的征服者。

## 学会交谈与倾听

学会交谈，也要学会倾听。

交谈是人际交往中最常用的方式。不说恶语，多说悦耳语，说别人喜欢听的话，说别人听了就会高兴的话，这样有利于与他人交往和继续沟通。能听到好听的话，别人不会对你恶语，别人时刻都会让你心情愉快，让你快乐。

倾听是与他人交往、认识的第一步。倾听是对对方的尊重。倾听他人的表达或倾诉，对他人表达的思想与感情，以积极的态度，认真地给予关注、重视、尊重和理解。在倾听过程中，要保持专心、尊重与体谅的态度，切忌一些不良行为，如三心二意、东张西望、随意打断对方、乱插话以及妄加评论、表情冷漠等。

## 不要让坏情绪浪费时光

一个年轻人气呼呼地对师父说:"有人用侮辱的话指责我,实在气不过。"

师父对涨红着脸的年轻人说:"好吧,你写封尖刻的信回敬他,狠狠地骂他一顿。"

年轻人立刻写了封措辞激烈的信,把心中的不满全部倾泻在言辞间。随后,他很是满意地把信拿给师父看。

"很好,很好!"师父看后拍手叫好,"就是要好好地教训他一顿,写得真是太好了!"

但是,当年轻人把信叠好装进信封里时,师父却叫住他,问:"你要干什么?"

"送给他呀。"年轻人有些摸不着头脑。

"不要胡闹!这封信不能发,快把它扔到炉子里去。凡是生气时写的信,我都是这么处理的。这封信写得好,你已经消气了,现在感觉好多了,那么就请你把它烧掉！"师父笑呵呵地说。年轻人依旧不解。

师父接着说："每个人都可能遇到令自己气恼的人和郁闷的事。如果一味地生气，起烦恼的心和有害的情绪，就只能让你自己失去理智。而事实上，烦恼心和有害的情绪除了伤害自己，并不能解决任何问题，反而让事情更糟。要常常看着自己的心，及时察觉它，并要通过有效的方法控制住它，而不是让它随时随地发泄，伤害他人。心平气和地做有意义的事不是更好吗？不要被坏情绪浪费宝贵的时光呀！"

年轻人心开意解，红着脸低下了头。

## 「看着」你的念头

当有了不良情绪或烦恼的时候，如果心不堪能，就不会意识到这些负面心理的产生，或者即使意识到了，也没有力量摆脱，而是会如空中羽毛、水中漂叶一般，跟随着情绪和烦恼，听之任之，完全不自在。平时要常常练习，让自己的心变得强大，做得了自己的心的主。通过观察念头，了解它的真实本性，来增强心的力量。

具体的做法是：静下心来，对着自己的念头，无论是好的或坏的，做清晰的观察，像个旁观者一样，观察每个念头。不去追思过去或妄想未来，也不要迷恋快乐的经验，或沉湎在悲伤中，只是"看着"它们。如此，会迎来一个平衡的状态，于此状态，一切好或坏、宁静或忧伤，都失去它们的意义，稳定此状态中。当念头再度产生的时候，再去观察，继而稳定它。

## 真诚的赞美是温暖的阳光

希望得到别人的赞美是普通人的一种心理需要。事实上,每个人都有值得赞美之处。赞美要诚心诚意、实事求是,而阿谀奉承只能让人觉得虚伪。真诚的赞美是温暖的阳光。真诚的赞美是一种促使人不断完善的美好途径。如果你需要指出别人的过失,赞美也不失为一种巧妙迂回的方法。用真心实意的赞美去温暖别人的心灵,你也会感受到别人给你的温暖。如果心胸狭隘,嫉妒心太强,赞美他人就会变得非常困难,所以要常常让自己打开胸襟,涵养包容非常有必要。

## 善巧方便行

人生道路上，每个人都会遇到各种各样的难题。人生的意义不仅表现在解决自己遇到的难题上，也表现在帮助他人解决遇到的难题上。如果别人因为我们的帮助而更加快乐和幸福，我们的心灵也会得到一次净化，我们的精神也会得到一次满足，我们的道德也会得到一次升华，从而使自己的人生更有意义、更有价值。在前进的道路上，或许你无意间帮别人搬开的绊脚石，恰恰为自己铺了一条路。但是值得注意的是，当我们出于无私且善心助人的时候，不管动机如何善美，也一定要在他人愿意接受的情况下而为之，以自己认为的"他人需要"而强行施与，并不可取。所谓"善巧方便行"。

## 要有至诚恳切的心

佛陀在世的时候,有一个点灯的法会,大家都来祈福。有一个老婆婆也想点灯供佛,但是她很穷,三餐不继,没有任何钱财。她非常难过,想来想去,只有头发能换点钱,于是她剪下头发,换了点钱,买了一盏油灯。她非常恭敬、虔诚地在佛前点上这盏灯供养,并发愿。突然,来了一阵很大的风,把所有的灯都熄灭了,只有那个老婆婆的灯是亮的。

我们常说修行修心,重要的是要有至诚恳切的心。

## 什么是善良？

　　善良包含克己、为人、真诚、尊重、理解、宽容、奉献、正直、勇敢等多方面的美德。归结起来，善良就是一颗真诚广博的爱心。将心比心是与人为善的思维方式和行为方式之一。爱心是一份情感，一种责任，它需要启迪、激活、熏陶和培养。爱心有时是惊天动地的，但更多的时候在于点点滴滴的真情实意。一次得力的救助，一次善意的批评，一句关切的问候，一次适时的看望，一个及时的电话，一个亲切的微笑，一次碰撞后的谦让，一次跌倒后的搀扶，这些都是爱心的体现。

## 学会称赞他人

什么是被污染的心？就是看到别人做的好事，不但很难称赞、随喜他人，还说别人的过失、挑别人的毛病。为什么呢？有的时候是因为自己傲慢，会想别人如此做有什么了不起，换成我也能做到。有时候因为嫉妒他人，所以总是挑剔别人。更多的时候，是自己内心不清净，却一点都察觉不到，总喜欢挑别人的毛病、看别人的过失，还会觉得自己很对，还要说出一些"道理"。

你总看别人的过失，内心就不会清净。你看别人过失的时候就是在给自己的内心撒灰尘，给自己添更多的烦恼，熄灭自己安适自在的火苗。学会称赞他人，就会降低自己的傲慢心、嫉妒心。我们称赞他人时，内心是真正的欢喜，常常在欢喜当中，就会觉得自己周围的人好、环境好，那么内心就会觉得很快乐。当把称赞他人变成一种习惯的时候，清净心自然就有了。

在这里要注意一点，如果去附和与褒扬他人的恶，就叫帮凶或同流合污了，所以要有分辨是非的能力，要知道正确的善恶取舍。

## 恨鱼缸还是救金鱼

一个人到庙里拜访老和尚，诉说自己正为妻子过去的一些事情而烦恼。

老和尚问他："你妻子过去的事情和你有关系吗？"

那个人回答说："没有。"

"既然是这样，那你应该高兴才对。因为她过去那些不快的记忆中并没有你。而你现在应该把握时机，尽可能地去创造快乐和温馨让她幸福，这对于你们一起走过一生是多么美好啊！"老和尚于是说。

那个人听了老和尚的话还是皱着眉头。

于是老和尚便拿生活中的事情做比喻："有一个孩子非常喜欢金鱼，于是他的父母就为他买了鱼缸让他养金鱼。可是有一天，鱼缸被不小心打破了。此时，这个孩子只有两个选择：一是站在破碎的鱼缸前怨恨、咒骂，眼看着金鱼在痛苦中死去；二是赶快找一个新的鱼缸来救活金鱼。"

讲到这里，老和尚问那个人："如果是你，你怎么选择？"

"当然是赶快找鱼缸救金鱼了。"那个人回答说。

"对了,你现在对自己的婚姻所持有的态度,就如同面对这个已经被打破的鱼缸和掉在地上的金鱼,你要做的就是快点拿个新鱼缸来救你的金鱼,而不是站在一边怨恨诅咒,眼睁睁地看着它死去。"老和尚说道。

那个人听到这里,豁然开朗,向老和尚深施一礼,欢喜地离去了。

## 给自己盖一座心灵的佛堂

佛经里讲过一个故事,有一次释迦牟尼来到一个风景优美的地方,那里鲜花遍地,绿草茵茵。他感慨地说:"如果在这么美丽的地方盖一座佛堂就好了。"

他身边的帝释天听了后便随手摘了一株小草,插到地上,向释迦牟尼顶礼说:"世尊,佛堂盖好了。"释迦牟尼很开心地说:"善哉!善哉!"

我们要在心情不好的时候想想事情有利的一面;要在寄托期望与未来的时候,看看有没有把当下的时光过好;要在困难挫折面前意识到如果一切平顺,谁会静下来沉思?谁又能在平凡安逸的日子中超越自我呢?

用宽容、智慧和爱心,给自己盖一座心灵的佛堂。

## 心宽故能受

在日常的一言一行里与人为善。海宽故能容,心宽故能受。智慧不生烦恼,恒常观照自心。审慎取舍。

迷茫、孤独时,多学习、多思考。

静静地观察内心,静静地看着念头潮起潮落,不投入其中,也不排斥对立,慢慢心就会平静下来。

宽恕,其实不是给他人出路,而是给自己天地,是不纵容仇恨的火焰在自己内心烧灼。宽恕包容是自己内心的状态,而不是外在的行为。当我们面对一个恶行,真正有意义的是去思考怎样改善这种状况,而不是任愤怒和报复之念占据内心。

人本可以活在阳光下,为何要躲在过去的阴影中发霉?活在妄想中并不是一件美好的事,把心放大一些吧。

反省自己,做一个做事有节、说话有礼、内心有爱的人。内心对一切境界都能平等待之,遇顺境不贪,遇逆境不恨;对高者不卑,对低者不亢。命运是掌握在自己手中的。

## 比强盗还「坏」的禅师

　　一个强盗找到了深山里的禅师，跪在他面前说："禅师，我罪孽深重，多年来寝食难安，我来找您，想让您为我澄清心灵。"禅师说："你找错人了，我的罪孽比你的还深重。"

　　强盗说："我做过很多坏事。"禅师说："我做过的坏事比你的还要多。"

　　强盗说："我杀过很多人，闭上眼睛就能看到他们的鲜血。"禅师回答说："我也杀过很多人，我不用闭上眼睛就能看见他们的鲜血。"

　　强盗说："我做过的一些事简直没人性。"禅师回答："我都不敢想那些我以前做过的没人性的事。"

　　强盗听禅师这么说，心里很鄙视他。没想到一个禅师居然曾经是比自己还坏的家伙，于是他起身，轻松地下山去了。

小徒弟在强盗离开后不解地问禅师:"师父,我了解您,您自己说的这些都是没有的呀,您也从未杀过生,为什么对他那样说呢?"

　　禅师说:"难道你没有从他的眼睛里看到如释重负的轻松吗?还有什么比这更能让他弃恶从善呢?"

## 苦难是深藏不露的祝福

面临苦难困顿，沉湎于消沉、惊恐、抱怨、绝望只会将自己拖向更深的苦痛，于当下于未来的困境毫无补益。面临苦难所带来的危险、威胁、破坏与毁灭，你汲取到的并不是它的伤害，而是面临它的唤醒时，不再无动于衷、一无所获，这就是苦难所蕴藏着的价值和意义。因此智者会坦然、欣喜地说，苦难是生命的恩典，它推动我们前行，去思考生命中真正重要之事，用撼人的力量把我们从短视浅薄的自鸣得意中解脱出来。为苦难所付出的代价是值得的，因为你终将发现，苦难其实是深藏不露的祝福。

苦源自对自身和境况的错谬认知，源自对"我"的自珍自爱及"过分在意自己"。当你将所珍视的和难于释怀的不再置于心坎最中央，也就把痛苦放弃，把快乐和美好定格和留存了。

## 要有付出的心态

要有付出的心态。一个一味索取的人只会让人敬而远之，要有为他人付出的心态。人总是为自己想，这样结果反而不好。人和人在一起，有付出、有恩惠甚至恩德，才有长久情谊。夫妻之间尤其如此，有恩才有爱，才能长久，欲望不是真正的爱，不可能长久。人和人之间的关系能长久、夫妻间恩爱情深，是靠付出来维持的。这个付出的心态很是关键。但是当你付出的时候，应该是自然而然的、快乐的，不是抱着期盼回报的心态。以沉重、痛苦和怨恨的心付出，当下不快乐，日后也不会快乐，更不会换来与他人良好、融洽的关系。

## 世间的危险是经不起诱惑的心

一条鱼向前方游去，众鱼纷纷阻挡："危险！千万别游向那里！"

"为什么危险呢？"那鱼问。

众鱼心有余悸道："那里有很多诱饵，我们不少同类有去无回。"

鱼说："诱饵搁在那里，它不会伤害你，只有你的心禁不起诱惑去吞食诱饵时，那才危险。"

世间的危险不是诱饵，而是经不起诱惑的心。

## 善良是我们为自己留下的路标

撒哈拉沙漠,又被称为"死亡之海",进入沙漠者多是有去无回。1814年,一支考古队打破了这个死亡魔咒。当时,荒漠中随处可见逝者的骸骨,队长总让大家停下来,选择高地挖坑,把骸骨掩埋起来,还用树枝或石块为逝者竖块简易的墓碑。但是一路上发现的沙漠中的骸骨实在太多了,掩埋工作占用了大量时间。有的队员抱怨:"我们是来考古的,不是来收尸的。"队长坚持己见:"每一堆白骨,都曾是我们的同行,怎忍心让他们曝尸荒野呢?"

一个星期后,考古队在沙漠中发现了古人类遗迹和足以震惊世界的文物。但当他们离开时,突然刮起风暴,几天几夜不见天日。接着,指南针失灵了,考古队完全迷失了方向,食物和淡水开始匮乏。危难之时,队长突然说:"不要绝望,我们来时在路上留下了路标!"他们靠着来时一路掩埋骸骨竖起的墓碑,最终走出了沙漠。

## 心是一个容器

小徒弟沮丧地问师父:"师父,为什么我觉得这些年总是进步缓慢,难以突破?"

师父笑着说:"我来给你倒杯水喝吧!"于是就拿起桌上的茶壶,往杯子里倒水。水快满了,但师父却仍不罢手,依旧往杯里倒。

小徒弟忙说:"师父,杯子已经满了。"师父意味深长地对小徒弟说:"再倒一些吧,说不定能更多一些呢!"

小徒弟笑着说:"杯子已经满了,您再怎么倒也不能增加杯子里的水。"

师父叹道:"说得有道理呀!不仅倒水是如此,学业进步又何尝不是如此呢?"

小徒弟听了心头一震,自言自语道:"是啊!人生也是这样的道理,心里装的东西太多了,自然就装不进其他的了!"

## 烦恼如风

烦恼如风,无根而起,无迹而遁。静观其变,望其生灭,心便于此安闲间得从容自在。看淡纷扰,看轻得失,来了随缘,去了不攀。

## 生活中养德

　　口德。得饶人处且饶人：直话，可以转个弯说；冷冰冰的话，可以加热了说；批评人的话，一对一地说，要顾及别人的自尊。

　　掌德。赞美别人，学会鼓掌：每个人都需要来自他人的掌声；为他人喝彩是每个人的责任；不懂鼓掌的人，人生太狭隘；一赞值千金；给别人掌声其实是给自己掌声。

　　信任德。疑人不交，交人不疑：被人信任是一种幸福；信任别人，才能得到别人的信任。

　　方便德。与人方便，自己方便：在他人最需要的时候轻轻扶一把；多为对方着想，多站在他人角度权衡。

　　礼节德。有"礼"走遍天下：彬彬有礼；礼多人不怪。

　　谦让德。锋芒毕露者处处树暗敌：切忌锋芒毕露；放下身段，降低自己；勿在失意者面前谈论你的得意；人前勿张狂，人后别得意，为人应低调。

　　帮助德。关键时刻，谁都渴求得到援手：无私胜有私；赠人玫瑰，手有余香。

　　诚信德。无信不立，狡诈者必无朋友：诚信为本，重诺守信；诚信深入人心，成功接踵而至；失去诚信，百事不可为；任何理由都无法解释自己的失信。

虚心德。傲慢自满终无成：要多一点含蓄，多一点谦逊；虚心万事能成，自满十事九空；虚心求教，成就圆满。

感恩德。知恩图报，必得多助：因懂得感恩，而更加幸福；懂得感恩的人，人恒敬赞、信赖。

## 不要常持嫌弃和攀比心

不要常常持嫌弃和攀比心,这种心态是不好的。每个人都有优点或长处。要学会多发现别人的好,不去揭露他人的短处;常常持平等和恭敬的心态对待别人,自然也会得到别人的尊重和恭敬。

## 不让心灵负重

不慕纷扰繁华,寂静自心。懂得善恶取舍,不让心灵负重。学会简单,练就宁静、隐忍、宽容、淡泊。开发情怀,能够慈爱利他。浅笑看花开,无争赏落叶,随缘自适最好。从微细的小处着手,不渴慕神奇辉煌,不执着和迷失于妄念,善观自心。

## 消除烦恼的方法

无烦恼即是清净。因为清净而有清晰与喜悦。清净而清晰的心,便能自在无碍。心会渐渐净化。纯净的心容易专注,智慧便有机会产生。最终消除烦恼,心没有染污。

## 路在修为里

　　路,不在他人的行动里,而在自我的修为里。上敬下和,忍人所不能忍,行人所不能行;代人之劳,成人之美;静坐常思己过,闲谈不论人非;常生惭愧、忏悔心,不起骄慢气。如此,心必将越来越敞亮,路必将越走越宽广。

## 留点空间不拥堵

当春风得意时,留点空间给自己思考,莫让得意冲昏头脑。

当痛苦时,留点空间让自己思量,痛定思痛,苦不复来。莫让痛苦窒息心灵。

当烦恼时,留点空间给自己静观。烦恼无根,本无来去。烟消云散烦恼离,心清性明自在现。

当孤独时,留点空间给自己,因自我而失去自我,因投入而充实人生。

当生活处处逼仄灰暗,留点光亮给心境。

与人相处时,留点空间给距离,贵其所长,忘其所短,言语不重伤,行事多包容。

# 一念天堂，一念地狱

佛说："一念天堂，一念地狱。"佛和魔也许只在一念之间，运用之妙存乎于心。当你的心趋向恶时，地狱之门便打开了；当你的心趋向善时，天堂之门则打开了。

## 凡事自己做主

自己能成为自己最亲近的助伴，亦能成为自己最厉苛的怨敌。意思是说，一切全由自己决定。心念与行为，决定自己将来是身处安乐之中还是痛苦之中。心存善念、行持善行，将来即能得到安乐的果；反之，若心存恶念、行恶行，将来必坠入痛苦的深渊而无法自拔。烦恼和恶念是危害自己和他人的无形利器，是失去安乐坠入痛苦的可怕起因。修行即修心，修心是让烦恼消失的极为重要的部分。时刻观照和省察自己的心念，当烦恼或恶念刚刚萌生，要危害自己和他人时，要及时觉察并立即予以断除，令其泯灭。若未能如此，当发觉烦恼已经产生时，切勿放任其存于自心，更不能放任其不断增长，应当像对待可怕的敌人一样，用猛利的心去克服和战胜。

## 文凭于人

虚心的人用文凭来鞭策自己,心虚的人用文凭来炫耀自己。

## 学会与人相融

与亲朋好友、社交圈子在一起的时候,语言应随顺他们。除非是为了讲明一个什么道理或说清楚一件事情而做讲解和辩论,否则,没有意义的争论,争强好胜的争辩,或者是心怀恶意的攻击都不应为。语言随顺于他人,不与他人争辩、争论和争吵,圆融忍让,让他人欢喜,不说伤害他人的话,是一种礼貌和恭敬。对亲戚好友尤其是长辈,不管说得对错,在一般情况下,要顾及对方的心境情面,语言随顺他们,这也是对他们的一种孝顺和尊重。到什么地方,或在什么圈子,服饰、饮食应随顺于当地,入乡随俗,与人相融。

## 量人先量己

世间事，以不同角度看会得到不同结论。世上人，以不同心态想会是不同人。佛说，汝莫信汝意，汝意不可信。世事变幻无常，心意也是刹那间变化无常，一切皆无常。

用自己的认知去评论一件事，事事都不完美；用自己的心胸去度人，人人都有不足；用自己的心眼去要求别人，人人都不达时宜。多一些扪心自问，少一些争执指责；多一些观心自省，少一些挑剔苛责。眼是一把尺，量人先量己；心是一杆秤，称人先称己。挑人过错，自己也有不完美；责人短处，自身也有缺陷。平和处事，善意与人。

## 容尊他人方能提升自己

　　容得下别人，才能被别人所容。如果你被自私、贪心、嫉妒、傲慢诸烦恼占据，就不会有容人的空间和容事的胸怀。一个人应该以慈悲柔软身心，以放下解脱自己，以宽容善待他人，以无为面对凡事。

　　懂得尊重别人，才能得到别人的尊重。心意不平，自视过高，让自己傲气凌人，就不会真正赢得他人的敬佩和信服。放平自己，柔和待人；放低自己，谦恭处事。人人友善，处处祥和。

## 学会接受残缺美

若浮躁过甚、浮夸过多、浮华过累,必欲壑难填、心境难平、负赘难卸,终劳力伤怀,徒增烦忧。心安住于当下,不起妄。人生需要爬坡过坎、涉险渡困,无须纠结于一时难以化解、耿耿于一处不得释怀。转苦为乐,视烦恼为菩提。心安住于平等,不执着。

学会接受残缺,懂得承受不圆满。人生有成就有败,有聚就有散,有高就有堕,没有永恒也不必追求永远。拥有的总会失去,得到的未必常在。坦然面对,不强求,不贪着,为事尽力,处人诚挚,随遇而安,随缘自在。

## 布施的法则

布施，不仅仅是财物的布施，也不仅仅是施舍，而是具有慈悲和智慧的爱与分享。布施分为三种：财布施、法布施和无畏布施。财布施，是指用物质帮助别人，如钱财、衣物、食品、用品等。法布施，给不明白道理的人讲清楚道理，帮他们解决迷茫、指点迷津。无畏布施，是指精神的助益，如给别人以生活的勇气，给别人坚强活下去的希望，给别人鼓励和信念，帮助他人消除恐惧，甚至解救别人于危亡时刻。无论我们贫穷或富有，都可以做个"布施的富翁"。给人一个微笑，赞美别人，说几句激励的话，都是很好的布施。自己做个乐观向上、满怀爱心、诚信的人，给人以安全感和信赖感，也是个很好的布施。

# 言不伤人，诺不轻许

语言是有形的思，流动的意。善言传递善美，助益自己与他人的良好关系，"良言一句三冬暖"。恶言是无形利剑，伤害和毁灭自己与他人的良好关系，"恶语伤人六月寒"。心怀善意，常说善美柔和语，千重万重屏障自然开。承诺是信守也是责任。诺不轻许。有诚信，敢担当，言必行，行必果，必将赢得尊重和信任，人生路上贵人必然多。

## 水车的启示

禅师在行脚时感到口渴，路遇一个青年在水塘里踩水车，于是上前向青年要了一杯水喝。青年以羡慕的口吻说："禅师，如果有一天我看破红尘，我一定会跟您一样出家学道。不过我出家后，不想像您一样居无定所到处行脚，我会找一个地方隐居，好好参禅打坐，不再抛头露面。"

禅师含笑道："哦。那你什么时候会看破红尘呢？"青年答道："我们这一带就数我最了解水车的性质了，若找到一个能接替我照顾水车的人，届时没有责任的牵绊，我就可以看破红尘了。"

禅师道："你最了解水车，请告诉我，如果水车全部浸在水里，或完全离开水面会怎么样呢？"青年答道："水车全部浸在水里，不仅无法转动，而且会被急流冲走；完全离开水面又车不上水来。"

禅师道："个人与世间的关系正像水车与水流的关系。如果一个人完全入世，纵身江湖，沉湎其中，难免会被五欲红尘的潮流裹挟冲走；假如纯然出世，自命清高，心无众生，则人生必是漂浮无根，空转不前。"

## 苦乐缘善恶，遇事不茫然

人为善，福虽未至，祸已远；人为恶，祸虽未至，福已远。行善之人，如春园之草，不见其长，日有所增；造恶之人，如磨刀之石，不见其损，日有所亏。福祸无门总在心，苦乐无主自有缘。人生在世，艰辛曲折是必然，坦然面对。苦乐缘善恶，遇事不茫然。

## 慧海无澜

　　人生有顺境也有逆境，不可能处处是逆境；人生有巅峰也有谷底，不可能处处是谷底。顺境时不趾高气扬，逆境时不垂头丧气。在巅峰不忘乎所以，在低谷不一蹶不振。要以平常心，坦然、睿智地面对。

　　人生有苦有甜，甜时不必沉迷，懂得分享和感恩，甜便是功德。苦时不必抱怨，以自苦代他苦，苦也成功德。甘之如饴，苦尽甘来。

　　人生如梦，执着便输，尽是苦。醒悟便赢，安享乐。

## 临渊羡鱼不如退而结网

　　与其张望别人的幸福,不如经营自己的快乐。幸福不在表面,无法转移,无法赠送,冷暖自知。知足常乐,不要被无边的欲望夺去快乐。奉献是幸福,不要被无尽的欲求毁灭幸福。不问结果,只求耕耘;不求回报,甘于付出,付出的过程就是幸福。当计较心、得失心、不平心、怨尤心、嫉妒心离开的时候,就是幸福到来的时候。

## 心若无尘

心若无尘,生命便蕴含着高贵。心若无尘,心前便呈现至善至美的世间。心若无尘,便能远离颠倒和患得患失。心若无尘,便能从容自若,悠然自得。

## 让生命在虔诚里满含暖意

若放不下行囊、执念,又如何轻盈前行。心境澄澈,世事方可无扰。洞悉身心内外,大千如浮云。若捆缚于自我无他,又如何天高地阔。轻了自己,重了他人,尘世间尽随了善缘。人世无恙,山水亦从容。

生命是一场又一场的相遇和别离,是一次又一次的遗忘和开始。浮生若梦,无执则不伤,悯人则情浓。不疏离,不刻意。

许自己在未来的路上,拈一份淡淡禅意。让生命在虔诚里寂静、安然而满含暖意。

## 恬淡是什么？

恬淡，是悠然自我，是自由自在，是在红尘世界里的博大之爱，是在听雨轩里静听风雨。恬淡，像一杯清茶，喝下去浅淡，品味起来甘甜，不浓烈，不张扬，不索然无味，不枯燥简单。那是浓烈之后的柔和，张扬之后的从容，索然无味之后的醇甘。

恬淡，是一种修行，体悟到极致的境界，至真至美，至情至性，味道十足而又无比简单，高贵无比却又倍感温暖。

恬淡，是一种韵致。任岁月穿梭流逝，依然沉静安然。任人事沧桑，却始终温暖如初见。

## 烦恼多快乐少的原因

人们常常认为,快乐和痛苦是来自外在的环境或境遇,于是就不断以各种方式将精力投注于改造外部环境,乐于积累财富、追逐名利,试图在这里消除一些痛苦、在那里累积一些快乐。但你仔细观察就会知道,这些做法终究都无法如愿以偿。随着财富名利的增加,烦恼的原因会有所变化,但烦恼未见得少,快乐的积累也未见得多。问题出在哪呢?是因为我们对烦恼与快乐之因的认识有偏差错谬。

## 商人的四个妻子

从前,有个商人娶了四个妻子。第四个妻子深得丈夫喜爱,不论坐着站着,丈夫都跟她形影不离。第三个妻子是经过一番辛苦才得到,丈夫常常在她身边甜言蜜语,但不如对第四个妻子那样宠爱。第二个妻子与丈夫常常见面,互相安慰,宛如朋友,只要在一起就彼此满足,一旦分离,就会互相思念。而第一个妻子,简直像个婢女,家中一切繁重的劳作都由她承担,她身陷各种苦恼,却毫无怨言,在丈夫的心里几乎没有位置。

一天,商人要外出长途旅行,他对第四个妻子说:"你肯跟我一块去吗?"

第四个妻子回答:"我可不愿意跟你去。"

商人恨她无情,就把第三个妻子叫来问:"你能陪我一块去吗?"

第三个妻子回答道:"连你最心爱的第四个妻子都不愿意陪你去,我为什么要陪你去?"

商人把第二个妻子叫来说:"你能陪我去旅行吗?"

"我受过你恩惠,可以送你到城外,但若要我陪你旅行，恕我不能答应。"第二个妻子答道。

商人有些伤感，他抱着试试看的态度对第一个妻子说："我要外出旅行，你能陪我去吗？"

第一个妻子回答道："我离开父母，委身于你，不论苦乐或生死，都不会离开你。不论你去哪里，走多远，我都一定陪你去。"

他平日疼爱的三个妻子都不肯陪他去，他才不得不携带绝非意中人的第一个妻子离去。

原来，他要去的地方乃是死亡世界。拥有四个妻子的商人，乃是人的意识。

第四个妻子，是人的身体。人类疼爱肉体，不亚于丈夫体贴第四个妻子的情形。

第三个妻子，无异于人间的财富。不论多么辛苦储存起来的财宝，死时都不能带走一分一毫。

第二个妻子是父母、妻儿、兄弟、亲戚、朋友和仆佣。人活在世上，互相疼爱，彼此思念，难舍难分。死神当头，也会哭哭啼啼，送到城外的坟墓。用不了多久，就会渐渐淡忘了这件事，重新投身于生活的奔波中。

第一个妻子则是人的心，和我们形影相随，生死不离。它和我们的关系如此密切，但我们却很容易忽略它。

## 快乐布施才是真布施

我们常常以物质作为布施之物,这难免使人一提到布施就联想到金钱。布施真正的意思是尽己之力,帮助他人,并与人分享自己所有。布施应该是件快乐的事情。如果是痛苦、烦恼的事,那并非布施,而且如果这样,那最好先不做布施,或者做自己力所能及的布施。

## 解脱烦恼的最佳途径

　　生活中,仅仅学会用微笑掩盖痛苦,用洒脱包裹失落,用寂寞驱赶孤独,用淡忘疗养伤痕,这些还不够。因为这些伤痛和烦恼还是像种子一样,悄悄地深深隐藏在内心深处,在某些特定时候,因缘际会,它们依然会开花结果。清明的智慧,才是帮助我们解脱烦恼的最佳途径。

## 宽容和仁慈更能唤醒羞愧

看人如看己,责人先问心。他人是己心的一面镜子,世人是自己的一个比照。面对他人的错误,宽容的态度会比严厉的责罚更能让人忏悔。宽容和仁慈更能唤醒羞愧,从而真心悔改。生命是一次匆匆的旅行。钱没了,痛苦;爱没了,伤心;名没了,遗憾;利没了,怨恨。一生都在为得而喜,为失而悲,一生便如草木荣枯,一生虚度。生命莫过于一场路过。看淡得失,好好珍惜,谨慎取舍。

## 天堂和地狱

老太太带着爱犬在草地上散步,走了一段路后,看见一座城堡,门前是用金砖铺成的道路。

"请问,这是哪里?"老太太问道。

"天堂。"看门人回答。

"那一定有水喝吧?我们走了很远的路,都非常渴。"

"进来吧,我马上给你水。"看门人缓慢地推开大门。

"我的朋友可以一起进来吗?"老太太指着爱犬问。

"不行,只能给你一个人水喝。"老太太沉默了一会儿,看着爱犬,觉得不能自己进去而把它扔在门外。她谢过看门人,带着爱犬继续前行。

不久,又看见一间破屋,里头还有个婆婆。

"请问,你这有水喝吗?"老太太问。

"那边有水龙头,你可以喝个痛快。"婆婆说。

"我的朋友可以进去一起喝吗?"老太太指着爱犬问。

"欢迎你们!这里简陋却是天堂。"婆婆说。

"不对呀?我们刚刚路过天堂。"老太太说。

"告诉你吧,那是地狱!"婆婆说,"他们先把关,留下自私的,选出善良的来。"

## 真诚最美

阅尽人生百态，还是诚实最好；历经生活坎坷，还是真诚最美。生活是一面镜子，在镜子中，或是善良诚实，或是奸诈虚伪。不同的人，有着不同的情态。生活似一部书，在书中，或是真诚相待，或是虚情假意，不同的人，留下不同的记录。经年的风雨，流年的漂泊，即使很苦、很累，依然坚信，诚挚最真。

## 培养自己的心灵

与其仰头羡慕别人的风光,不如埋头培养自己的心灵。羡慕徒增烦恼,心灵的成长能够自我超越。人生没有绝对的完美,但可以追求经过舍弃的完美。舍弃执着和自私,成就睿智和柔软的美。

## 哭与笑

哭的时候用全力去哭，笑的时候用全力去笑。

## 人生的艺术

每天都是崭新的开始,给自己设一个希望,生命充满阳光。欲壑永远难以填满,保持一颗知足的心,哪里都福乐满仓。每天做一些利人的事,不望回报,处处欢喜无伤。常常面带笑容,怀揣美好,山再险,路再难,也要勉励自己,学会坚强。若总能心增善和美,便处处好景致,时时好时光,人人好缘分。

## 逆境的历练

遇不顺心、不如意的人或事，不恼、不怒、不发脾气，是性格更是智慧。

逢逆境、处低谷，乐观、阳光、向上，是气质更是气魄。对不公的事或难缠的人，以豁达、幽默、坚韧对之，是胸怀。人生的不如意总会不期而遇，如影随形，但面对强大的心，它们无计可施。

## 生活可以更美的

知恩图报,贵人就多了;贵人多了,小人就远了;小人远了,路就顺了。

少了抱怨,机会就多了;机会多了,空间就大了;空间大了,自由就多了。

不谈他过,口德就多了;口德多了,毁谤就少了;毁谤少了,美誉就多。

多行助人,朋友就多了;朋友多了,善缘就增了;善缘增了,心愿就易成了。

## 白豆与黑豆

从前，有一位叫优婆掬提的生意人，为人敦厚、很有善根且富有智慧。他问一位已证得阿罗汉的比丘："尊者，我要如何才能进入佛门？如何真正修行呢？"

比丘说："你要照顾好你的心。心念如果能达到善良、慈爱与平静的境界，就是修行了。"

优婆掬提说："这无形无影的心念，要如何照顾？又该如何证明哪一心念是好的？哪一心念是不好的？"

比丘回答说："你可用黑豆和白豆，来试验心中的善念或恶念。一天中若起善念，就放一粒白豆；如果起一恶念，就放一粒黑豆。黑豆减少、白豆增加，表示善念升高了；白豆减少，就表示恶念、烦恼增加了。"

而后，优婆掬提按照比丘的方法，把他的店当成道场，好好照顾自己的心。有人来买东西，他就生起欢喜心、感恩心，殷勤服务客人。使客人感到愉快后，他就放一粒白豆。有时遇到喜欢斤斤计较的客人，优婆掬提对客人起憎恶和不欢喜心时，就放一粒黑豆。一天下来，黑豆的数量比白豆多，优婆掬提随即提醒自己要加紧努力，照顾好自己的心。

过了一段时间后，黑豆的数量仍比白豆多，优婆掬提就下定决心:"以平常心、欢喜心来对待一切的事物。"优婆掬提精进的心,终于使黑豆的数量由多渐少,直到完全消失。

若能好好照顾自己的心,保持平常心,就会处在宁静之境。照顾心念、保持平常心的方法,就是要培养大爱和善念。端视自己是否能多用心,时时培养心中的善念,并好好照顾这份心念。

## 不要绑住自己

以前，有个修行者向一位高僧请法，他说："请问师父，怎么样才能得到解脱？"

高僧答："谁把你绑住了？"

说完了这句话，修行者即刻就开悟了："噢！原来没有人绑住我呀！是我自己绑着自己。"

自己若不绑自己，自然就得到解脱了。我们每一个人，自己看不破、放不下，就是自己绑着自己，也就得不到自在；得不到自在，也就得不到解脱。若能看得破，一切都明白了，把什么都放下了，就得到真正自由了；得到自由，也就得到解脱了，无拘无束。

## 让生命最美绽放

人生最重要的事情,莫过于改善我们的生命,包括改善自己的身体状况、思想及行为。明辨善恶,是非分明,我们的生命就会得真正的改善,真正的提升。当过去的障碍被不断地净化消除的时候,我们的内心就会变得清净自在了,一切外境都不会给我们带来烦恼和困扰了。遇到好的,会更开心,更知感恩;遇到不好的,会更坚强,更希求解脱。

## 致　谢

万法皆因缘。这本书也不例外。

在此，感恩顿珠、白玛益西、郝功铭、晏云、谢广馨、小小、崔雅琼、陈剑聪、王或芝等诸多爱心人士和朋友参与了本书的资料整理、摘编、审读和校对，我对他们深表谢意。同时对参与该书出版的所有朋友，我都深表谢意。

如果出版本书有些许对读者和社会的利益，愿所有读到和收到本书的有缘读者，都能够身心安乐，吉祥如意。